藏在名著里的数学 ④

中国妇女出版社

图书在版编目（CIP）数据

藏在名著里的数学 . 4 / 杨翊著 . -- 北京 ：中国妇
女出版社，2023.3
ISBN 978-7-5127-2195-1

Ⅰ.①藏… Ⅱ.①杨… Ⅲ.①数学－少儿读物 Ⅳ.
①O1-49

中国版本图书馆CIP数据核字（2022）第190443号

选题策划：朱丽丽
责任编辑：朱丽丽
封面设计：李 甦
责任印制：李志国

出版发行：中国妇女出版社
地　　址：北京市东城区史家胡同甲24号　　邮政编码：100010
电　　话：（010）65133160（发行部）　　65133161（邮购）
网　　址：www.womenbooks.cn
邮　　箱：zgfncbs@womenbooks.cn
法律顾问：北京市道可特律师事务所
经　　销：各地新华书店
印　　刷：北京通州皇家印刷厂

开　　本：165mm×235mm　1/16
印　　张：15.75
字　　数：180千字
版　　次：2023年3月第1版　　2023年3月第1次印刷
定　　价：49.80元

如有印装错误，请与发行部联系

前 言

　　小时候，我看过一部用动画的形式讲解数学的动画片《唐老鸭漫游数学奇境》，让那时的我无比震惊，同时认识到数学是一门神奇的学科，也是很好玩的学科。数学并不枯燥，更不是"天书"，要想走进数学的殿堂，我们可以从兴趣这一站出发。

　　而包括中国古典名著在内的世界名著，是我们认识这个世界的一个重要窗口。

　　名著之所以是名著，就因为它已经被时间和无数读者检验，证明它是文学宝库中的精品之作。

然而名著又因为它的博大精深，让很多小读者望而却步，这才有了很多经过改编、缩减的少儿版名著。我写的这套书也可以说是用数学来重新演绎名著，小读者可以从中一窥名著的魅力，但我还是希望小读者有时间去读一读原版的名著，甚至可以对照着我写的这套书来看一看，同样的故事，名著用了怎样的语言、怎样的结构。

另外，有人可能会问：名著中真的会有数学吗？

答案是肯定的，因为数学无处不在嘛！

比如，我在本套书第1册讲《西游记》中的数学思维，在"多目怪藏药箱的体积"这一节写"道士拿到等子，小心翼翼地称出一分二厘"，分作十二份……《西游记》原文中是这样写的："内一女子急拿了一把等子道：'称出一分二厘，分作四分。'"

再比如，同样是这本书，"盘丝洞的蛛网数阵"一节里有这样的描述："濯垢泉流进的浴池约有五丈阔、十丈长，内有四尺深浅。"在故事中，善于观察和思考的孙悟空便就此思量起浴池的容积问题。而《西游记》

原文中是这样写的:"那浴池约有五丈余阔,十丈多长,内有四尺深浅,但见水清彻底。"你们看,从数学这个角度说,我写的这一段是不是非常忠实于原著呢?而且原著中也确实如此令人惊喜地讲到了容积的数学概念。

这样的例子还有很多,我就不一一举例说明了,相信细心读书的你们一定会有所发现。

有的小读者可能还会有疑问:名著里的故事那么多,你写得也不全嘛!

的确是这样。名著动辄上百万字,我写作这套书的主要目的是以名著故事为媒介,让数学逻辑题尽可能与故事相融合,因此选取的故事也要能跟数学联系到一起,毕竟类似上面浴池的例子,名著中不可能每个故事都明确讲述。另外,限于篇幅的关系,每本书不能太厚、太吓人,否则阅读起来也会很不方便。

我写这套书,不只是为了让书里涉及的数学知识能帮你们学好数学,考出高分,更重要的是让你们喜欢上数学,爱上数学,充分感受到数学的魅力和价值!

因此,我在书里提供了开阔的数学视野、详尽的解题思路,就是为了一步一步培养和训练你们的数学思维，帮助你们攀登数学的高峰。

不过，因为要将更多的现代常用数学知识融入名著故事，我在书中会有一些杜撰的成分，比如在三国时期不可能有阿拉伯数字，更不会有 x、y 这些代数中所用的未知数，这样写是为了拉近名著、数学与小读者们的距离，希望大家可以意识到这些杜撰成分在史实中是没有的。此外，为了尽可能营造古代的氛围，我还在书中用了"时辰""石"等很多古代的度量单位，而现在这些度量单位已经废止不用了，也请大家注意。

相信我，生活是离不开数学的，数学无处不在。

希望每个人都能因为学好了数学，与数学结缘，而收获更加丰富精彩的人生。

目 录

张角智解数字成语

东汉末年，到了汉灵帝时，宦官势力特别猖獗，其中最大的十个弄权的宦官被称为"十常侍"，他们把灵帝当成傀儡玩弄于股掌之间。宦官弄权，天降异灾，议郎蔡邕奏知灵帝，却被宦官陷害，贬回乡里。朝政日非，以致天下大乱，盗贼蜂起。

巨鹿郡有一家张姓兄弟，大哥名叫张角，二哥名叫张宝，三弟名叫张梁。

张角是个不第的秀才，整天抱着书死背，自叹怀才不遇。

这天，张角入山采药，忽然看到前方有一位碧眼童颜、手执藜杖的老人躺倒在路中央，口中不断呻吟。

张角急忙过去将老人搀扶起来。老人感激不尽，看张角怀里有书，就好奇地问："敢问先生是读书人吗？"

张角垂头丧气地把书本往地上一摔，说："唉，读书有什么用啊，我读书读得头上长包，腋上长疮，可国难当头，我却无法报效国家。"

"你若真有学问，我就帮帮你。"老人用藜杖在地上画了四个圈"○○○○"，问，"这是什么？"

张角见老人画得奇特，不禁心中一动："莫非他是一位老神仙，在点醒我？所谓仙人指路，我可不能再糊涂了！"

张角死死盯住那四个圈，认认真真想了想，说道："这四个圆圈很像马车的辘辘，您是想告诉我，读万卷书不如行万里路，让我多走走？"

老人摇头道："不对，你要往数字方面去想，这是一个成语。"

张角忽然开了窍，心想，只要在四个 0 前加个 1，不就是 10000 了吗？于是说："万无一失。"

老人笑而不语，又在地上写了个式子"$10 \times 1000 = 10000$"，问："你再来看，这又是什么成语？"

张角又想了想，十乘以一千得到一万，那不就是："成千上万。"

老人继续写"$9 \div 9 = 1$"，然后问道："那么……这是什么成语？"

张角有经验了，想也不想就说："九九归一。"

"好！人才，你正是我要找的不世之才啊！"老人拍着张角的肩膀大笑，然后送给张角三卷天书，"这是《太平要术》，你得此天书，要替天行道，拯救黎民百姓。"

张角忙答应了，并拜问老人姓名。老人笑道："吾乃南华老仙也。"说完便化阵清风而去。

自此，张角日夜研读天书，学会了呼风唤雨的法术。

张角三兄弟靠着天书中的智慧，收徒聚众四五十万，扬言道："苍天已死，黄天当立。岁在甲子，天下大吉。"

接下来，张角派弟子马元义携带金银财宝，到洛阳结交宦官封谞（xū）为内应，又赶造黄旗，定下起义日期。因为唐州的弟子出了事，被官府发觉并报告朝廷，大将军何进杀了马元义，擒了封谞。

张角闻讯，只好仓促起事，自称"天公将军"，张宝称"地公将军"，张梁称"人公将军"。为了方便辨识，他们手下兵士人人头裹黄巾，声势浩大，所到之处，汉室官军闻风而逃，史称"黄巾起义"。

征兵榜文上的城防图

话说在涿县有一位英雄，为人宽和，少言寡语，喜怒不形于色，素有大志，专好结交天下豪杰。他身长七尺五寸，两耳垂肩，双手过膝，是中山靖王刘胜之后，汉景帝的玄孙，姓刘名备，字玄德。

刘备的父亲死得早，家道中落，只好以贩卖草鞋、芦席度日糊口，幸好还有叔父刘元起经常资助他。到了十五岁，刘备外出游学，拜了郑玄、卢植等名师，又结交了公孙瓒等好友，胸中韬略日盛。

这一年，刘备已经二十八岁，可依旧没能施展胸中的抱负，正走街串巷，贩卖他的草鞋、芦席。这一天，他突然看到前方闹哄哄，一群人正围着一张榜文议论纷纷。

原来，张角率领黄巾军进犯幽州。幽州太守刘焉听说贼兵将至，忙召校尉邹靖计议。邹靖说："贼兵众，

我兵寡，请主公速速招军应敌。"刘焉觉得有道理，便出榜招募义兵。

榜文前的看客们之所以议论纷纷，是因为刘焉除了招募普通士兵，还征召军官，只不过军官的要求更高，还需答出一道题目：

如图，是我幽州城的城防图，防御点一共 24 个，分布在内城和外城上，每个防御点

的编号分别是1到
24，而且防御点的
编号加上一个数，
再被另一个数除，
能够整除的就在内
城，不能整除的就
在外城。请问，这
两个数分别是什么？

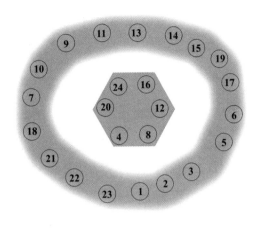

刘备看了榜文上的题目，眼睛一亮，思索片刻，顿足长叹，心想："唉，天遂人愿，终于有机会为国效力啦！"

原来，刘备从城防图上看出，内城的防御点编号都能被4整除，所以很自然地想到，第二个未知数就可以用4，那么1到24中能被4整除的数加上什么数，还可以继续被4整除呢？答案就是4的倍数。

证明起来也不难，只要证明 n + 4 能被4整除（n 为1到24中能被4整除的自然数）；

$(n + 4) \div 4 = n \div 4 + 4 \div 4 = n \div 4 + 1$；

n能被4整除，所以n÷4肯定是自然数；

从而n÷4 + 1也是自然数；

（n + 4）÷4的商既然是自然数，就说明n + 4能被4整除；

同理，（n + 4k）÷4 = n÷4 + 4k÷4 = n÷4 + k，其中k为自然数，n÷4 + k也是自然数，

所以（n + 4k）能被4整除，即防御点的编号加4的倍数，再被4除，能够整除的就在内城，不能整除的就在外城。

最终，刘备准备报上去的两个数就是8和4，即防御点的编号加8，再被4除。

自测题

假如防御点一共15个，编号分别是1到15，要求内城的防御点是3、6、9、12、15，防御点的编号加上一个数，再被另一个数除，能够整除的就在内城，不能整除的就在外城。请问，这两个数分别是什么？

内城的防御点是3、6、9、12、15，可以看出它们都能被3整除，所以1到15加上3的倍数，再被3除，能够整除的就在内城，不能整除的就在外城。

这两个数可以为6和3。注意此题答案不唯一，还可以是9和3、12和3等，第一个数只要是3的倍数就行，但不能是3，因为题目要求加上"一个数"，再被"另一个数"除，说明是两个不一样的数。

织席贩履的薪水几何

话说刘备看了征兵榜文，正慨然长叹，忽然听背后有人高声叫道："大丈夫不为国家出力，何故长叹？"

那声音就如同夏夜里的惊雷，刘备急忙回头看，只见身后那人身高八尺，头像豹子，眼像铜环，一脸络腮胡子根根直立，仿若虎须。

刘备见对方相貌不俗，拱手说道："敢问英雄尊姓大名啊？"

那人说："我姓张名飞，字翼德，祖祖辈辈一直居住在涿郡，有些家产。我专好结交天下豪杰，见你看榜叹息，不禁多嘴相问。"

刘备道："我本是汉室宗亲，姓刘名备。今闻黄巾军叛乱，我有志要擒贼安民，去应征吧，最多只能做个军官，所以长叹。"

张飞道："我看兄台胸怀大志，何必去做小小的军官？我颇有些资财，可以自己招募乡勇，与兄台同举大事，如何？”

刘备听了大喜，遂与张飞同入村店中饮酒商议。

张飞叫来小二，点了满满一桌子好酒好菜。

刘备望着美酒佳肴，再发感慨："唉，想我刘备自幼丧父，到今年卖了整整二十年草鞋，却未能攒下多少家资……"

张飞好奇道："不知哥哥这二十年攒下了多少家资？"

刘备闷头喝了一口酒，摇头道："惭愧，惭愧！前两年人家欺我年幼，几乎颗粒无收，第三年总算开张了，攒下 500 文钱，但第四个年头适逢灾荒，又喝了一年西北风，第五年比第三年少攒 100 文钱，但从第六年起情况稍有好转，每年都比前一年多攒下 100 文钱。"

张飞看起来是个粗人，其实粗中有细，刘备说到这里，张飞已经算出来，抢着说道："哥哥这二十年一共攒下了 18900 文钱，真是不易啊！"

刘备好奇地问："兄弟是怎么算出来的呢？"

张飞喝了一大口酒，笑道："不怕哥哥见笑，其实是我家账房先生昨晚刚刚教会我的，这里需要用到等差数列的求和公式 $S_n = n \times (A_1 + A_n) \div 2$，其中 A_1 是首项，A_n 是末项，n 是项数。只要把相应的数往公式里一套就算出来了，一点也不难！只是根据哥哥所言，需要特别注意的是首项 $A_1 = 500 - 100 = 400$（文钱），也就是这个等差数列是从第五年开始的，先不去考虑前四年的情况。项数 $n = 20 - 4 = 16$，数列的第 16 项（末项）$A_{16} = 400 + (16 - 1) \times 100 = 1900$（文钱），$S_{16} = 16 \times (400 + 1900) \div 2 = 18400$（文钱），这时候再考虑之前四年的情况，那么哥哥二十年总共挣了 18400 + 500 = 18900（文钱）。"

刘备赶紧为张飞把杯中酒斟满，举杯道："兄弟为人豪爽，虽然是现学现卖，但聪明才智也可见一斑。哥哥我再敬你一杯！"

自测题

如果一个人工作第一个月挣了 3000 元，以后每个月都比前一个月少挣 100 元，那么工作 12 个月后，他一共挣了多少钱？

数学小知识

等差数列

等差数列指从第二项起，每一项与它的前一项的差等于同一个常数的一种数列，这个常数叫作等差数列的公差，一般用字母 d 表示。例如：1、2、3、4、5……n + 1 就是一个公差是 1 的等差数列。

等差数列的求和公式：$S_n = n \times (A_1 + A_n) \div 2$，其中 A_1 是首项，A_n 是末项，n 是项数。

比如在 1、2、3、4 这个等差数列中，$A_1 = 1$，$A_4 = 4$，$n = 4$；这个数列各项的和为 $S_4 = 4 \times (1 + 4) \div 2 = 10$。还有一个重要公式是 $A_n = A_1 + d \times (n - 1)$；比如在 1、2、3、4 这个等差数列中，我们知道公差是 1，项数是 4，所以末项 $= 1 + 1 \times (4 - 1) = 4$。那么等差数列的求和公式是怎么推导出来的呢？我们先来看下面这个图形：

这个图形是一个三角形，由 6 颗五角星组成，其中第一行 1 颗五角星，第二行 2 颗五角星，第三行 3 颗五角星，如果把这个图形倒过来，会得到下面这个图形：

接下来，我们把这两个图形合并在一起，你会发现变成了一个每行有 4 颗五角星，一共三行的长方形：

★★★★
★★★★
★★★★

这个长方形由多少颗五角星构成呢？当然就是 $4 \times 3 = 12$ 颗五角星啦。

你们看每行的五角星，不就是初始那个图形的第一行的 1 颗五角星，加上第三行的 3 颗五角星吗？总共 3 行还是原来的行数，那么原来总共多少颗五角星呢？

两个一样的三角形组成的长方形，那么一个三角形只有 12 颗的一半，自然就是 6 颗五角星啦。

到了这里，你会看到，等差数列的求和公式就暗藏在其中：对数列 1、2、3 进行求和，$S_3 = 3 \times (1 + 3) \div 2 = 6$。

自测题答案

$A_1 = 3000$；

$n = 12$；

$A_{12} = 3000 + (12 - 1) \times (-100) = 3000 - 1100 = 1900$；

$S_{12} = n \times (A_1 + A_{12}) \div 2 = 12 \times (3000 + 1900) \div 2 = 29400$（元）；

所以他一共挣了 29400 元。

桃园结义和桃树的棵数

话说刘备和张飞正在店中喝酒，忽见一人进店坐下，唤酒保道："快斟酒来，我还要赶紧进城去投军。"

刘备最喜欢结交英雄，一看这大汉虎躯高九尺，美髯长二尺，面若重枣，唇若涂脂，丹凤眼，卧蚕眉，相貌堂堂，威风凛凛。

刘备连忙拉住红脸大汉，邀其同坐。

席间，三人互通了姓名，方知这位红脸大汉姓关名羽，字云长，河东解良人。因路见不平，杀了当地土豪，无奈逃出家乡已经有五六年，听说此处招兵，就来投军。

刘备把自己的志向说了，云长听了大喜，三人聊得十分投机，便同到张飞庄上，共议大事。

张飞说："我庄后有一桃园，桃花正开得灿烂，美不胜收。"

三人到了桃园，果然看到一棵棵桃树都挂满了粉红色的桃花，无比娇艳。

关羽最喜欢红色，兴致勃勃地问："不知这园中桃树共有多少棵啊？"

张飞豪气顿生，张着膀子说："我这些桃树虽然比不上王母娘娘的蟠桃园，但也不遑多让！而且，园

中桃树还在不断栽种，比如今天早上我就亲手栽了 12 棵蟠桃树，使蟠桃树占总桃树的比例由原来的 $\frac{1}{24}$ 变成了 $\frac{1}{12}$。"

刘备深谙谋略之道，喜欢凡事探个究竟，便追问道："翼德，你家园子中现在共有多少棵桃树啊？原来有多少棵蟠桃树？现在又有多少棵蟠桃树呢？"

关羽结识刘备、张飞二人较晚，有意要显显自己的智慧，抢着说："不用问，一算便知。"

"哦？云长怎么说？"

关羽手捋着飘逸的胡须说道："原来的桃树可以看成 x 棵。再根据翼德的说明列出方程：$\frac{x}{24} + 12 = (x + 12) \times \frac{1}{12}$，解得 x = 264（棵），则 x + 12 = 276（棵），$\frac{x}{24} = 11$（棵），11 + 12 = 23（棵），所以翼德家园子中现在共有 276 棵桃树。原来有 11 棵蟠桃树，现在有 23 棵蟠桃树。"

张飞哈哈笑道："一点不错，云长的算术水平比我家账房先生强多了！"

"你家桃树还真是不少。可惜我们来的季节不对，没有桃子吃。"关羽不无遗憾地说。

刘备一摆手："吃桃子事小，江山社稷事大啊！"

张飞一拍手："对啊，不如我们就在园中祭拜天地，结为兄弟，齐心协力，匡扶社稷。"

三人排定年龄，刘备为兄，关羽次之，张飞为弟。

于是三人在桃园中焚香跪拜，义结金兰。书称"桃园结义"。

自测题

今天是植树节，校园里新种了 10 棵松树，此时松树占校园树木的比例由 $\frac{1}{10}$ 上升到 $\frac{1}{5}$。请问校园里原来有多少棵松树？现在有多少棵松树？原有树木多少棵？

先设原有树木 x 棵，

根据题意可以列出方程：

$$\frac{x}{10} + 10 = (x + 10) \times \frac{1}{5}$$

解得 x = 80（棵）

则 $\frac{x}{10}$ = 8（棵）

8 + 10 = 18（棵）

答：原来有 8 棵松树，现在有 18 棵松树，原有树木 80 棵。

曹操献刀和七星宝刀上的图形规律

话说西凉刺史董卓趁着朝野之乱，带着二十万大军进驻洛阳，废少帝，立献帝，自封为相国，位极人臣。董卓欺主弄权，残暴野蛮，满朝文武大臣都看在眼里，只是敢怒不敢言，想除掉他，却苦于大权都握在董卓手上，谁也不敢轻举妄动，更何况已经发生了伍孚刺杀董卓失败的例子。

这天，司徒王允接到袁绍的密书后，便在家中设宴，邀请一众公卿赴宴，席间哭诉董卓弄权，社稷难保，众人都跟着哭，唯独一人抚掌大笑。王允看去，见那人是骁骑校尉曹操。原来曹操早存了杀董卓之心，他经常出入相国府，已经取得了董卓的信任。曹操愿意独自入相府刺杀董卓，虽死无憾，只是需要向王允借一口七星宝刀。王允答应了，还亲自斟酒为曹操送行。

第二天，曹操在贴身处暗藏宝刀悄悄来到相府，走入小阁，只见董卓坐在床上，董卓的义子吕布站在旁边。

都说"人中吕布，马中赤兔"，看到吕布，曹操心里就凉了半截，觉得今日恐怕无法下手。

董卓哪里猜得透曹操的心思，只是问："孟德今天为何来得这么晚？"

曹操借口说："我的马太瘦弱了走不快，所以来迟了。"董卓便命吕布去选一匹西凉好马送给曹操，吕布就出去了。曹操一见，觉得似乎又有了机会。

董卓整日养尊处优，身体越来越胖，因此不能久坐，不一会儿便倒身而卧，脸也转向了里侧。曹操见他躺下，急忙从怀中抽出宝刀想行刺董卓，谁知董卓从床头铜镜内看见曹操抽刀的动作，转身急问："孟德，你要干什么？"

这时吕布也牵马回来了，已经到了窗外。曹操惶急之下，急中生智，就地一跪说："在下……得了一口宝刀，想要献给相国。"

董卓接刀一看，只见此刀长足盈尺，锋利无比，果然是一口宝刀。董卓满意地点点头，说："这刀真不错，

尤其这七个凹洞颇具特色！"

其实王允借给曹操的是七星宝刀，上面有七宝嵌
饰，但曹操也是个贪财的人，把刀借来后，先把上面的
七块宝石挖走了，因此只留下了七个凹洞。

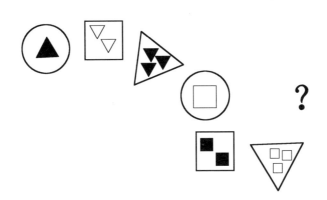

曹操指着凹洞说："相国您看，这宝刀的凹洞里还有玄机呢！是按照北斗七星的位置排列的，每个凹洞都雕镂出一个图形。"

"为何第七个图形模糊不清呢？"董卓看得倒也仔细。

"因为年代久远，但是这个图形可以根据前面六个图形推断出来，找个刀匠重新刻一下就好。"

"不不不，还是原汁原味的好，就保持现在这个样子，新不如旧，别破坏了原有的古拙之气。只是不知孟德你如何推断出第七个图形啊？"

曹操心里咯噔一下，幸好他寻找图形规律的能力很强，一边找规律，一边拖长了声音慢慢说道："相国您看，前面六个图形的最外层规律为圆、方、三角，圆、方、三角，所以第七个图形最外层该是圆；前面六个图形的内层规律第一是：1个三角、2个三角、3个三角，1个方、2个方、3个方，所以第七个图形内层该是1个圆；前面六个图形的内层规律第二是：黑、白、黑、白、黑、白，所以第七个图形内层应该是黑色的。结合上面三个规律，得到最终的图形应该就是这个……"

说着，曹操用手指蘸着书案上的墨汁画出一个图形：

董卓倒是没有怀疑，开开心心地把宝刀递给了吕布。曹操又把怀中的刀鞘掏出来，递给吕布，毕竟心虚，只低着头，不敢看吕布的眼睛。

董卓得了宝刀，忽然想起送马的事情，就拉着曹操出阁看马。曹操心中还在打鼓，生怕董卓反应过来，赶紧谢道："多谢相国，且让我借马一试。"

曹操牵着马出了相府，快马加鞭往东南疾驰而去。

吕布这时才得了空，对董卓说："我看这曹操眼珠不停转动，好像心藏鬼胎，他献刀之时为何不连刀鞘一起献？该不会……是想要行刺义父吧？"

董卓这才幡然醒悟，赶紧派人去追。此时曹操已经飞马奔出东门，逃得无影无踪，哪里还追得上。

温酒斩华雄和酒水降温的度数

　　话说刘备、关羽、张飞三兄弟想要一起打天下，可打天下毕竟不是容易之事，三兄弟还不成气候，好在他们破黄巾军有功，经公孙瓒表奏朝廷，荐刘备为别部司马，守平原县令。刘备三人便在平原县招兵买马，积蓄力量。

　　再说袁绍与曹操会盟后，曹操作檄文一篇，陈说董卓作乱，号召天下诸侯共往诛之。檄文发出，果然一呼百应，袁术、韩馥、孔融、马腾、孙坚、公孙瓒等各镇诸侯都起兵投洛阳而来。

　　北平太守公孙瓒，统领精兵一万五千，路经德州平原县时，正好遇到刘备三人。公孙瓒听说关羽、张飞二人只官居马弓手和步弓手，觉得埋没了英雄，便邀请刘备三人弃此卑官，和他一同讨伐董卓，匡扶汉室。刘备三人便引数骑跟公孙瓒来会曹操。

此时，众诸侯陆续到达，各自安营扎寨，营寨相连有二百余里。曹操尽地主之谊，宰牛杀马，大会诸侯，并举荐袁绍为盟主。

袁绍严明军纪，令其弟袁术总督粮草，派长沙太守孙坚为先锋，直取汜水关。这边董卓也派出了身长九尺、虎体狼腰的关西猛将华雄。华雄骁勇善战，又有谋臣李肃辅佐，不但斩杀了济北相鲍信的弟弟鲍忠，连坐拥程普、黄盖、韩当、祖茂四员猛将的孙坚都大败而归。

华雄不依不饶，又引铁骑下关，用长竿挑着孙坚的头巾，来到寨前骂战。

袁绍看看左右，问："谁敢出战？"

袁术的骁将俞涉领兵出战，被华雄斩了。韩馥派上将潘凤出战，也被华雄杀死。

袁绍长叹说："可惜我的上将颜良、文丑不在这里，只要他们中有一人在此，还怕斩不了华雄吗？"

关羽这时候站出来说："关某不才，愿去斩华雄。"

袁术一向瞧不起刘、关、张三兄弟，趁机羞辱道："你一个小小的马弓手敢出此大言，这不是欺辱各位诸侯手下没有大将吗？来人，给我把这狂妄之徒打出去！"

曹操见关羽气宇轩昂、仪表不凡，料知是个人物，就从旁劝道："此人既敢说这话，必然有这种本领，且让他出战，万一打败了再责罚不迟。"

关羽冷哼一声，指着自己的脑袋说："我要是打败了，请杀我的头！"

曹操最擅长收买人心，笑呵呵地斟上一杯已经达到沸点的热酒，亲手递到关羽面前："外面天冷，云长先喝一杯热酒暖身，再上马不迟。"

关羽傲气盈胸，慨然道："曹将军不必多礼，酒先放这儿，待我去斩杀了华雄那厮再饮此酒不迟。"说罢出帐提刀，飞身上马。

只听战鼓如雷，杀声震天，众人正欲探听，关羽已飞马回来，把华雄的首级扔在地上，惊得四座无声。

曹操敬重关羽的才能，再次递上刚刚那杯酒，说："云长回来得正好，此酒还是温的，可见云长杀华雄的速度有多快！云长之勇猛可比颜良、文丑。"

袁术还是看不上关羽，料想有勇之人应当无谋，便

故意刁难道："关将军，如果这杯酒的初始温度是78℃，一炷香时间后降低了3℃，两炷香时间后降低了4℃，三炷香时间后降低了6℃，四炷香时间后降低了12℃，五炷香时间后，你可知杯中酒的温度是多少摄氏度吗？"

关羽胸有成竹地说："关某斩杀了华雄，再飞马赶回，哪里用得了五炷香的时间?！不过，根据袁大人所说，酒温降低的度数可以列出下面的数列：3、4、6、12、（ ）。仔细观察，就可以找到规律：从第三项起，每项为前两项之积除以2，即 6 = 3×4÷2，12 = 4×6÷2；到了第五炷香时间后，就是 6×12÷2 = 36。所以五炷香时间后酒温降低了 36℃。那么现在杯中酒的温度是 78 − 36 = 42（℃）。袁大人如果不信，找人测量一下便知关某说得对不对了!"

这番话说得袁术哑口无言。

从此之后，袁绍军中再无人敢轻视刘、关、张三人。

自测题

一组数列如下：

3、4、4、6、10、28、138、1930、（ ），求括号中的数是多少。

先找到数列规律：因为数字越来越大，所以可以猜测，后面的数有可能跟前面的数的乘积有关，从第三项起，每项为前两项之积除以2再减去2，即 $4 = 3 \times 4 \div 2 - 2$，$6 = 4 \times 4 \div 2 - 2$；……

所以括号里就是 $138 \times 1930 \div 2 - 2 = 133168$。

三英战吕布和将领的伤亡统计

话说董卓得知大将华雄丧命，赶紧召集李儒、吕布等人商议对策。

李儒说："现如今咱们损失了上将华雄，敌人势力更加庞大。袁绍为盟主，袁绍的叔叔袁隗在朝中任太傅，倘若让他们里应外合，则大为不妙，可先除之。再请丞相亲领大军，分拨剿捕袁绍等人。"

董卓欣然同意，先派人诛杀了袁隗，再起兵二十万，兵分两路：一路由李傕、郭汜引兵五万，驻守汜水关；另一路由董卓领兵十五万，同李儒、吕布、樊稠、张济等将领共同镇守虎牢关。

虎牢关离洛阳五十里。军马到关，董卓令吕布领军三万，在关前扎下大寨。

探马将敌情报告袁绍。袁绍聚众商议，曹操献策道："董卓屯兵虎牢关，意图是截断诸侯中路，可分兵一半迎敌。"

袁绍便派王匡、乔瑁、鲍信、袁遗、孔融、张杨、陶谦、公孙瓒八路诸侯，前往虎牢关迎敌，命曹操引军往来接应。

董卓那边吕布弓箭随身，手持画戟，骑着赤兔马，率领三千铁骑，飞奔迎击。吕布骁勇，很快斩杀了诸侯手下多名大将。

曹操得到探马报告称：八路诸侯这边将领一共81人，其中被吕布斩杀的有8人，被吕布打伤的有37人，被吕布生擒的有56人，还有23人最惨，既受了伤又被生擒。

曹操一边听，一边在心里默默计算：

81员将领刨去战死的8人，现在还剩下81 − 8 = 73（人）；

只受伤没被擒的将领有37 − 23 = 14（人），

只被擒没受伤的将领有56 − 23 = 33（人），

由于既受了伤又被擒的将领有23人，那么没受伤也没被擒的将领有73 − 14 − 33 − 23 = 3（人）。

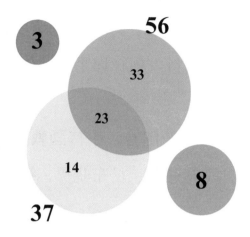

曹操心下稍感安慰，知道至少还有三人跟吕布交战没有受伤也没有被擒，忙问这三人是谁？

探马报告："乃是刘备、关羽、张飞！"

原来，当时公孙瓒挥槊亲战吕布，没战几个回合就败走。吕布纵赤兔马从后赶来，那赤兔马日行千里，飞走如风，眼看就要赶上，吕布也高举画戟往公孙瓒后心刺去。谁知千钧一发之际忽然杀出一将，圆睁环眼，倒竖虎须，挺起丈八蛇矛将吕布画戟架开，大叫道："三姓家奴休走！燕人张飞在此！"

吕布听闻，怒火中烧，便弃了公孙瓒，来战张飞。张飞抖擞精神，酣战吕布，连斗五十余回合，不分胜负。关羽担心三弟有失，把马一拍，舞起八十二斤重的青龙偃月刀，来夹攻吕布。关羽、张飞双战吕布，又战了三十回合，还是不能战胜吕布。刘备又擎起双股剑，驱动胯下黄鬃马，从斜刺里赶来助战。这三个人走马灯一般围住吕布厮杀，终于战退吕布。书称"三英战吕布"。

班里一共 60 名学生，语文考 100 分的 30 人，数学考 100 分的 40 人，语文和数学都考 100 分的 17 人，两科都没考 100 分的有多少人？

数学小知识

·韦恩图

也叫文氏图，用以表示集合的一种草图。比如在下图中，浅蓝色圆圈和深蓝色圆圈交叠的区域，表示它们的交集；浅蓝色圆圈和深蓝色圆圈的组合区域，表示它们的并集。

找你的小伙伴一起来做这个游戏吧！

游戏准备：

如图所示的图形。

游戏人数：

一人、两人或多人。

游戏规则：

把图形分成形状、面积完全相等的两部分，且每部分里面包含的三角形个数一样。看看谁分得最快。

参考答案：

如右图所示，每部分都有9个三角形加2个半块的三角形。

由题意可知：

只语文考 100 分的人有 30 − 17 = 13（人），

只数学考 100 分的人有 40 − 17 = 23（人），

语文和数学都考 100 分的 17 人，

所以，两科都没考 100 分的有 60 − 13 − 23 − 17 = 7（人）。

这种题目可以画出如下图所示的韦恩图，让数与数之间的集合关系一目了然，有交集，也有并集。

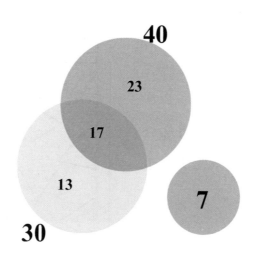

辕门射戟和中靶环数

话说虎牢关下，刘、关、张三英战吕布之后，讨伐董卓的盟军声威愈加浩大，迫使董卓挟持献帝迁都长安。最终司徒王允巧设连环计，先将义女貂蝉许配给吕布，又将其献给董卓，使得吕布跟董卓反目成仇，除掉了董卓。那时刘备已得陶谦三让徐州，领了徐州牧。谁料吕布被董卓部将李傕击败后投奔刘备，后又夜袭徐州，使得刘备驻扎小沛。此时，袁术已有称帝之心，嫌刘皇叔碍眼，便依长史杨大将之计，一边送粮草给虎踞徐州的吕布，以结其心，使其按兵不动，一边派大将纪灵、雷薄、陈兰率数万大军进攻小沛，想要剿灭刘备的势力。

张飞天不怕地不怕，磨好了丈八蛇矛要出战。孙乾却认为敌众我寡，就说："主公，还是修书一封，向吕布求援吧。"

刘备很赞同，也认为目前的形势还是保存实力最好，于是他就给吕布写了一封求救信。

吕布看了求救信，顿感左右为难：不救刘备吧，怕袁术消灭了刘备就可以北连泰山诸将再攻打他，正所谓唇亡齿寒；可是救刘备吧，之前他已经收了袁术的粮草，正所谓拿人家的手短。

吕布与陈宫商议后，最终决定救刘备，遂点兵起程。

这天，纪灵的大军在小沛东南扎下营寨，刘备只有五千人马，硬着头皮出城安营。吕布在西南安营后，派人请来纪灵、刘备，摆酒款待，从中调解。

纪灵欺刘备兵少，借口奉命而来，不愿讲和。张飞拔剑要杀纪灵，被关羽拦下道："且看吕将军如何打算，那时各回营寨再厮杀不迟。"

这边纪灵愤愤不平，那边张飞只嚷着要厮杀。吕布大怒，命人取来他的方天画戟。吕布手提画戟，威风凛凛，杀气腾腾，看得纪灵、刘备尽皆失色。

吕布说道："是战是和，各听天命。"说完让部下把他的方天画戟立于辕门之外。他回头对纪灵、刘备说道："辕门离中军一百五十步远。我若一箭射中戟上的小枝，你们就各自收兵；若射不中，任由你们打去，我不再过问。"

纪灵见画戟离这里很远，心想，吕布这厮就算射术再精，也很难射中那么远的戟上小枝，于是就答应了。

吕布挽起袍袖，搭上箭，扯满弓，叫一声："着！"正是：弓开如秋月行天，箭去似流星落地，一箭正中画戟小枝。帐上与帐下众将士齐声喝彩，纪灵也看得目瞪口呆。

吕布呵呵大笑，掷弓于地，拉着纪灵、刘备的手说：“这是天意，你们两家就此罢兵吧！”吕布又各敬他们一大杯酒，想要他们握手言和。

　　纪灵怕回去不好向袁术交代，又提出请刘备、吕布加上他自己，三个人比射箭，约定好每人射三箭，如果吕布和刘备的射术都比自己强，他才同意讲和。

　　射箭结束后，根据报靶官所报：三人各自中靶的环数之积都是60，按各人中靶的总环数由高到低排，依次是吕布、刘备、纪灵。

　　其中，靶子上有一箭射的是4环，有一箭射的是6环，有一箭射的是10环，这三箭先不说准头，力度都相当厉害，全部刺穿了箭靶。

　　吕布便想让报靶官仔细查明这三箭都是谁射的，刘备却摆手道：“不用查了，我已经知道这三箭分别是谁射的了。”

　　吕布好奇地问道：“玄德如何知道的？”

　　刘备便说：“报靶官刚刚已经报告过，咱们三人各自中靶的环数之积都是60，所以把60分解因数：$60 = 2 \times 3 \times 10 = 2 \times 5 \times 6 = 4 \times 3 \times 5$。那么，三人各自射的环数只有下面三种可能：① 2，3，10；② 2，5，6；③ 4，3，5。若是①，总环数为 2 + 3 + 10 = 15；若是②，总环数为 2 + 5 + 6 = 13；若是③，总环数为 4 + 3 + 5 = 12。可见，总环数最少的是③，最多的是①，居中的是②，而根据咱们三人的排名，纪大人是最后一个，所以 4 环是纪大人射出的。同理，6 环是我射的，10 环是吕兄射的。"

不管怎样，纪灵当了老末，再无话说，只求吕布写一封书信以证其事，便撤兵去见袁术。

自测题

假设三人各自中靶的环数之积都是 90，按各人中靶的总环数由高到低排（如果总环数相同，看最高环谁更高），依次是吕布、刘备、纪灵，其中靶子上有一箭射的是 9 环，有一箭射的是 6 环，有一箭射的是 10 环。你们知道这三箭都是谁射的吗？

三人各自中靶的环数之积都是90，所以把90分解因数：

$$90 = 3 \times 3 \times 10 = 3 \times 5 \times 6 = 9 \times 2 \times 5,$$

那么三人各自射的环数只有下面三种可能：

① 3, 3, 10；

② 3, 5, 6；

③ 9, 2, 5；

若是①，总环数为 3 + 3 + 10 = 16；

若是②，总环数为 3 + 5 + 6 = 14；

若是③，总环数为 9 + 2 + 5 = 16。

可见，总环数最少的是②，总环数相同的是③和①，但①里的最高环是10环，所以①是第一。根据三人排名，纪灵是最后一个，所以6环是纪灵射出的。

同理，9环是刘备射的，10环是吕布射的。

望梅止渴和梅子的排列

话说董卓死后，其部将犯长安，打败吕布，杀死王允。献帝无奈，只好诏命曹操人都护驾，谁知曹操趁机"挟天子以令诸侯"，迎献帝迁都许昌，把持朝政。为进一步扩张自己的势力，曹操率领大军去讨伐盘踞在宛城的张绣。当时已经到了中午，烈日当空，天气十分炎热。将士们身穿厚重的铠甲，携带着沉重的武器，再加上太阳的炙烤，全身都被汗水浸湿，带的水早就喝光了，大家又热又渴，非常难受。

曹操见将士们一个个舔着干燥的嘴唇，耷拉着脑袋，勉强行走，士气低迷，如果此时遭遇敌军，很可能会被打得溃不成军。曹操心里非常焦急，下令队伍原地休息，并派人分头去寻找水源。过了好一会儿，派去的人全都空手而归。原来，这一带是一片荒原，没有河流，也没有山泉，根本找不到水喝。

曹操思来想去，忽然有了主意。他猛地抬起手臂，用马鞭指着前方的山坡，大声对将士们说："这个地方我曾经来过，只要翻过前边那座小山坡，就会看到一大片青梅林，到了那里，你们就可以吃到梅子，而且想吃多少吃多少，那梅子我上次就吃了好多……咬一口，汁水四溢，牙都酸掉了。"

不知道是哪个士兵说了一句："丞相该不会是哄骗我们吧？"

曹操为了让梅子的故事更加真实，便叫谋士取出文房四宝，用自己的丹青之功，画了 9 个又大又圆的梅子，展示给将士们看。

将士们一听说有梅子，又看到了栩栩如生的梅子图，很自然就想到了梅子的酸汁，进而条件反射地流出口水，有了口水的滋润，顿时不觉得那么渴了。

曹操见状又想出一个激励士兵的办法，他说："你们谁知道我刚画的梅子图中，一条线上有 3 个梅子的直线有几条吗？仅有 2 个梅子的直线又有几条？如果拿走 3 个梅子，剩下的梅子排成 3 排，且每排有 3 个梅子，要怎么摆放？凡是能够答出以上问题的士兵，待会多分他几个梅子！”

重赏之下，必有勇夫。很快，几名士兵分别答出题目。

有3个梅子的直线有8条，即横3、竖3、斜2（如下图所示）：

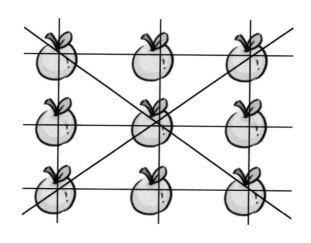

仅有2个梅子的直线有4条（如下图所示）：

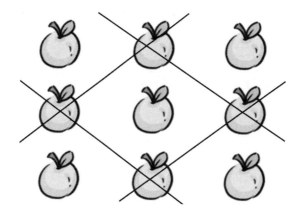

6个梅子排成3排可以这样排（如下图所示）：

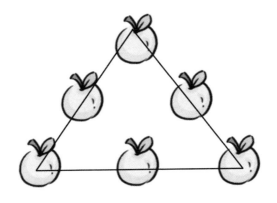

曹操见士气大振，立即指挥队伍行进。经过一段时间，终于带领队伍成功找到了水源，大家痛痛快快地喝饱了水，精神焕发地继续行军。

后来曹操在白门楼勒杀吕布后，带着刘备、关羽、张飞三人回到许昌，在跟刘备"青梅煮酒论英雄"前特意讲了这个"望梅止渴"的故事，以定刘备不安的心神。

美髯公的胡须数

　　话说献帝不甘心被曹操胁迫，联合国舅董承、刘备等大臣，秘密颁布"衣带诏"，意欲除掉曹操，却因事情败露，致使董承等人被杀。刘备侥幸逃脱，投奔袁绍，却与关羽、张飞兄弟分离。那时关羽被困下邳土山，为了保全两位嫂嫂，在张辽的劝说下，暂时归降了曹操。

　　曹操引关羽见了献帝。献帝看关羽气宇轩昂、文武双全，便重重赏赐，封关羽为偏将军。

　　曹操有意笼络人心，从此三日一小宴、五日一大宴地宴请关羽，见关羽的绿锦战袍旧了，便按照关羽的身材尺寸，取异锦做战袍一领相赠。关羽虽然收下新战袍，却将其穿在里面，旧战袍依旧罩在外面，以示不忘刘备的恩情。

　　曹操虽在口头上称赞，心中却很不是滋味。

曹操请关羽赴宴，见关羽脸上有泪痕，便问其故。关羽道："两位嫂嫂思念大哥而痛哭，关某也不由悲从心生。"

　　曹操一边宽解关羽，一边频频以酒相劝。关羽很快喝醉了，手抚长髯道："生不能报国家，又背叛兄长，我真是白活了！"

　　曹操没接话茬儿，却注意到关羽的长髯，趁机岔开话题道："云长的髯可有数乎？"

关羽淡然道："当然，关某有自知之明，长髯胡须数的一半比它的三分之一刚好多出 111 根。"

曹操很聪明，听完就明白了，笑道："根据将军所说，$111 \div (\frac{1}{2} - \frac{1}{3}) = 111 \div \frac{1}{6} = 666$（根），原来将军的胡须数如此吉利！

"这个 666 还是个神奇的数字。它是前三个自然数的 6 次方的和与差：$666 = 1^6 - 2^6 + 3^6$；

"它又是组成它的这三个数的和加上它们的三次方之和：$666 = 6 + 6 + 6 + 6^3 + 6^3 + 6^3$；

"它还是前 7 个质数的平方和：$666 = 2^2 + 3^2 + 5^2 + 7^2 + 11^2 + 13^2 + 17^2$。"

关羽叹道："只是过了秋天就不是这个数了。"

曹操忙问原因，关羽道："每逢秋月一过，长髯就会掉落三五根。因此每年冬月时，关某常用皂纱囊裹住长髯，就是怕它断了。"

曹操听后忙叫人以纱锦作囊，送给关羽护髯。

次日早朝，献帝见关羽胸前垂着一个纱锦囊，便询问原因。

关羽奏道："臣髯颇长，丞相赐囊贮之。"

献帝很好奇，便请他当殿披拂长髯，一看，那髯竟然长过其腹。

献帝赞道："真美髯公也！"

从此，大家都称呼关羽为"美髯公"。

自测题

果冻在果子城庙会上买了一串超大的糖葫芦，小伙伴果脯凑过来问："这根一米长的竹签上到底穿了多少枚山楂果？"果冻故意要考一考果脯，就说："山楂果数的 $\frac{1}{4}$ 比它的 $\frac{1}{7}$ 刚好多 3 枚。"果脯皱眉道："我还是一枚一枚地数吧……"

你们知道这串糖葫芦上的山楂果总共有多少枚吗？

根据已知条件：山楂果数的 $\frac{1}{4}$ 比它的 $\frac{1}{7}$ 刚好多 3 枚，

得出 $3 \div \left(\frac{1}{4} - \frac{1}{7} \right) = 3 \div \frac{3}{28} = 28$ （枚）；

所以这串糖葫芦上的山楂果总共有 28 枚。

过五关斩六将和滑州渡口的船只调动

关羽在为曹操斩颜良、诛文丑，官封汉寿亭侯之后没多久，身在曹营心在汉的他就得到了刘备的消息，想要去跟大哥会合，就向曹操辞行。关羽当初跟曹操有过"土山约三事"的约定，说好了：第一，与皇叔设誓，共扶汉室，今天只降汉帝，不降曹操；第二，二嫂处请给皇叔俸禄赡养，一应上下人等，皆不许上门打扰；第三，他日只要得知刘皇叔去向，不管千里万里，便当辞去。现在关羽拿约定的第三条说事，曹操也不好阻拦，只得让关羽去了。

曹操虽然放行，但曹操手下那些镇守关隘的文臣武将却深知让关羽离开，如同放虎归山，一心想诛杀关羽。

这天，关羽一行来到东岭关，守将孔秀拦路要看由曹操签发的通关文牒，关羽自然没有，只说："因行期

滑洲黄河渡口关

荥阳关

汜水关

洛阳关

东岭关

匆忙，不曾讨得。"

孔秀又问："那你知道通关口令吗？这串符号代表什么数字啊？"

说着孔秀举起第一块牌子，上面画着如下图形：

☆★○△■¤◇

关羽看得一头雾水。

孔秀又举起另外一块牌子，只见牌子左边画着一些图形，只不过三个一组，牌子右边写了一些三位数，如下所示：

☆★○	417
★¤■	763
○△★	342
◇¤○	123
△☆◇	265

关羽看了还是一头雾水。

这时候糜夫人掀开轿帘，招呼关羽过去。

糜夫人是糜竺之妹，平日没事喜欢跟甘夫人一起研究算术。看了那些图形，她便对关羽说："关叔叔不必烦恼，这图形和数字间肯定有一一对应的关系，现在只需把它们的对应关系找到就好。”

“可怎么找呢？”关羽完全没有头绪。

糜夫人指点道：“关叔叔你看，那右边的三位数中，只有两个数个位相同。”

“对啊！”关羽也看出来了，“只有 123 和 763 的个位数都是 3。”

“你再看左边的图形，是不是只有〇是两次排在末尾？”

“明白啦！多谢嫂嫂。”关羽恍然大悟，“所以〇 = 3。”

“那么☆★〇前面的☆★代表的不是 12 就是 76，再仔细看看，你会发现★出现 3 次，而 2 也出现 3 次，但是 6 只出现 2 次，所以★不可能是 6，只能是 2。这么一来，☆肯定就是 1 啦。1 在中间的数是 417，☆在中间的图形是△☆◇，所以△ = 4，◇ = 7。”

以此为突破口，关羽很快把其他图形的对应数字纷纷找到。

☆★〇是 123，

★¤■是 265，

○△★是 342，

◇¤○是 763，

△☆◇是 417。

原来，这种题目要想找到图形和数字的对应关系，可以从两方面的规律来找：一个是图形重复出现的次数，一个是图形所在的位置。以此为突破口，题目就可以迎刃而解。

最后，关羽对孔秀说："我知道通关口令了，☆★○△■¤◇ = 1234567！"

谁知孔秀冷笑道："将军虽然答出通关口令，但依旧没有通关文牒，所以要过关只能将军一人独过，刘备的家眷以及马匹、车仗都要留下！"紧跟着他就要扣押车仗，想以二位夫人为人质。

关羽大怒道："怎敢欺负我家两位嫂嫂？"说着便提刀与孔秀交战，结果孔秀只一回合就被砍落马下。

前行不远就是洛阳。

洛阳太守韩福得报，忙召集众将商议。

牙将孟坦说："关羽没有通关文牒，属于私逃，若不阻挡关羽，只怕丞相怪罪。"

韩福却皱眉说："颜良、文丑这样的猛将都不是关羽的对手，听说关羽能文能武，文能读《春秋》，武能耍大刀，就是算术一般般，咱们还是在算术上出个题目难为难为他吧。"

孟坦说："好！倘若不行，我还有一招诈败计，诱他来追，主公可用暗箭射之。"

刚商议完毕，探马来报，说关羽车仗已到城门外。

韩福便带着弓箭，引一千人马排列于关口，盘问关羽，出了一道题目，想要关羽知难而退。

韩福出的题目是：

在许都，每年年关时，曹丞相都会举行比武大会，曹丞相手下的六员武力最高的大将许褚、典韦、张辽、徐晃、夏侯惇、夏侯渊也会登台亮相，展示各自的武艺。展示武艺的时候，六员大将中有几人展示，而另外几人就作为观众欣赏。要使得每员大将都能够作为观众欣赏到其他任何一位大将的武艺展示，这样的展示至少需要进行几场呢？

糜夫人之前已经帮了一次，这一次，关羽决定自己好好想想，一定要把题目做出来！

　　关羽想：假定只有 3 场武艺展示，因为每员大将至少展示 1 次，则至少有 1 场要有 2 员或 2 员以上大将展示。比如，许褚、典韦在第一场上展示了武艺，那么他俩彼此都没有作为观众欣赏到对方在舞台上的风采，所以接下来的 2 场，他们要分别为对方展示。也就是说，一个台上、一个台下，如第二场许褚展示、典韦作为观众，第三场颠倒一下，典韦展示、许褚作为观众。

　　这时另外四个人张辽、徐晃、夏侯惇、夏侯渊也必须在第二场进行展示，因为这是典韦仅有的一次作为观众的机会。同理，张辽、徐晃、夏侯惇、夏侯渊也必须在第三场进行展示，因为这是许褚仅有的一次作为观众的机会。

　　这么一来，发现张辽、徐晃、夏侯惇、夏侯渊还没有为四人中的其他人展示武艺。所以，3 场肯定不够。

　　那么 4 场可以满足条件吗？

　　关羽找到了一种方法是可行的：

第 1 场是许褚、典韦、张辽；

第 2 场是典韦、徐晃、夏侯渊；

第 3 场是张辽、夏侯惇、夏侯渊；

第 4 场是许褚、徐晃、夏侯惇。

这样每场都是 3 员大将，每员大将都出场 2 次、当观众 2 次。

因为每人至少当 1 次观众，上场比 1 次，那么最差解就是 6 场，再思考同时登场的人数，比如同时 2 人、3 人、4 人……即可寻求符合条件的更优解。

关羽明明做对了题目，韩福此时却不认账，口口声声要关羽交上丞相的手书，方能放行。

关羽大怒，擎起青龙偃月刀说："手书没有，大刀却有一口！"

韩福冲孟坦一使眼色，孟坦出马，挥双刀来战关羽。

孟坦战不到三个回合，拨回马便走。关羽赶来，孟坦想要依计引诱关羽，不想关羽马快，早已赶上，只一刀便结果了孟坦。关羽勒马回来，韩福闪在门首，尽力射出一箭，正中关羽左臂。关羽以口拔箭，飞马直取韩福。就这样，关羽一行冲过洛阳关。

关羽包好箭伤，生怕后有追兵，不敢久留，连夜护送两位夫人投奔汜水关。

汜水关的守将名叫卞喜，他想：关羽厉害，但明枪易躲，暗箭难防！于是就在关前镇国寺中埋伏下二百名刀斧手，然后自己出关去迎接关羽。关羽见卞喜笑嘻嘻地来迎他们，便失了防备心，跟着他进了汜水关，来到镇国寺。

镇国寺内有个僧人法名普净，与关羽是同乡。二人寒暄两句后，普净便请关羽到方丈室吃茶，然后从抽屉里翻出几十根僧人敲木鱼的小木槌。

关羽大惊，问道："大师，您这是要敲打我吗？不知关某犯了何戒？"

普净忙说："不敢不敢，我是想用这些小木槌摆一道算术题，请将军算一算。"

关羽长出一口气，说道："请大师出题。"

普净用小木槌摆出了题目，说道："请将军移动其中两根小木槌，让等式成立。"

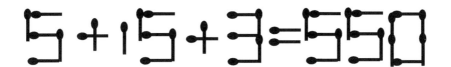

小木槌摆出的算式为 5 + 15 + 3 = 550；

因为算式等号左边 5 + 15 + 3 得 23，与算式等号右边的 550 相差甚远，所以上面的算式并不成立。

关羽略微一沉吟，就想出了答案：

把 15 的 1 放在 15 后面的加号上，让加号变成数字 4，再把 3 改成 5：

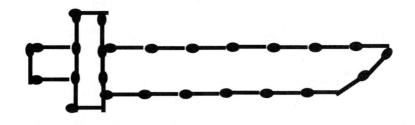

5 + 545 = 550；

如此一来，算式就成立了。

普净微微一笑，说："将军聪明，我再给将军摆一个更难的式子。"说着，普净又用这些小木槌摆出一个图案，并频频向关羽使眼色。

关羽心领神会，看出这是一把戒刀的图案，便让跟随自己一起过来的几个士卒刀不离手。

卞喜这时请关羽到佛堂入席，关羽已看出壁衣后面埋伏有刀斧手，大喝道："我还以为你是好人，怎敢如此待我，让你看看关某的厉害！"

不等卞喜发号施令，关羽先下手为强，一刀结果了卞喜。

关羽驱散了余下士兵，来谢普净："要不是大师您暗中示警，我和两位嫂嫂怕已遭此贼的毒手。"

普净说："我也难在此地容身，将军后会有期。"

关羽继续护送车仗，往荥阳进发。荥阳太守王植与韩福是儿女亲家，听说亲家公被杀，王植暗暗发誓：此仇不报，誓不为人！

王植表面上毕恭毕敬，笑脸相迎，把关羽与车仗送到馆驿，暗中却叫过心腹手下胡班，命令他晚上带一千人，每人拿上柴草，三更时放火烧了馆驿。

当晚，胡班就领人搬柴，命士卒把干柴堆在馆驿周围。

胡班对数量很敏感，匆匆瞥了一眼柴堆，就觉得数目不对，应该不到 1000 捆柴，便叫来副官，问士卒们是怎么拿柴的。

副官实话实说："有十分之一的士卒都是王大人的亲信，平常就好吃懒做，今晚也是空手而来。剩下的士卒，其中三分之一，每人左手拿了半捆柴；另外三分之一，每人右手拿了半捆柴；最后三分之一，每人双手各拿了一捆柴。"

胡班仔细一算：

$$1000 - 1000 \times \frac{1}{10} = 1000 - 100 = 900 \ （人）；$$

这 900 人是拿了柴草的，其中三分之二，不管左手还是右手，反正每人都只拿了半捆柴，另外三分之一，每人拿了 2 捆柴，所以总共有柴草：

$$900 \times \frac{2}{3} \times \frac{1}{2} + 900 \times \frac{1}{3} \times 2 = 900 \times \left(\frac{1}{3} + \frac{2}{3}\right) = 900 \ （捆）。$$

虽然不够 1000 捆柴，但想来烧死里面的关羽应该问题不大，胡班也没再深究。

见时间还早，他想偷看一下大名鼎鼎的关羽到底长什么模样，于是悄悄来到厅前，只见关羽左手托着长髯，倚在几案上，在灯下看书，不由失声叹道："真乃天神下凡！"

关羽耳力极佳，听到声音就问：“什么人？还不与我站出来！”

胡班吓得忙撩袍袖进厅参拜，坦诚相告：“我是荥阳太守王植部下胡班。”

“你是胡华的儿子？”得到肯定答复后，关羽便取出在许都城外遇到的胡华托自己带给儿子胡班的书信。胡班看了，叹道：“险些误杀了忠良！”

胡班当即把王植要密谋加害他们的事情告诉关羽。

关羽忙提刀上马，护送车仗来至城门口，胡班开了城门，放出关羽一行。

关羽还没走出几里，王植率人马赶来，拍马挺枪，直取关羽，却被关公结果了。关羽驱散王植的人马，催动车仗速行。

关羽一行很快来到滑州界首，太守刘延领数十骑迎出城外。

关羽向刘延说明情况请求放行，刘延是个胆小怕事的人，说道：“黄河渡口有夏侯惇的部将秦琪把守，怕他不让将军渡河。”

关羽说：“请太守找船送我们过河可好？”

刘延却说:"船只虽有,但下官不敢答应此事,怕夏侯惇会怪罪于我。"

关羽嫌刘延无能,便催车仗来到渡口。

秦琪果然领军在这里拦住去路,冲关羽喝道:"我奉夏侯将军将令,把守关隘,你便插翅难飞!"

关羽大怒:"你没听说我一路过关斩将,你还敢拦我?"

秦琪口出狂言:"你只杀得了无名下将,敢跟我斗吗?"

关羽怒问:"你比得了颜良、文丑吗?"

秦琪也被激怒,纵马提刀,直取关羽。二马相交,只一回合,秦琪便被关羽斩落马下。

关羽喝叫:"士兵们不必惊慌,关某不杀无辜之辈,快备船送我过河。"

有一位老军士撑船靠近岸边,高声叫道:"汉寿亭侯,您用船可以,但您斩杀了我家统帅,我得出个小题目难为您一下,以免遭人口舌。"

关羽抬手说:"请讲。"

老军士便说:"我们这里是滑州1号渡口,附近还有 2 号渡口、3 号渡口、4 号渡口，其中只有 1 号渡口和 2 号渡口有船，而且 1 号渡口可调往其他渡口 12 艘船，2 号渡口可调往其他渡口 6 艘船，现在要给 3 号渡口调去 10 艘船，给 4 号渡口调去 8 艘船，每艘船运费各有不同（如下表所示）。请问怎样调度最省运费？"

渡口	3 号渡口	4 号渡口
1 号渡口	800 两银子	400 两银子
2 号渡口	500 两银子	300 两银子

关羽想不出来，只好再次向两位嫂夫人求教。

甘夫人和糜夫人各有一个解法，答案居然一致。

甘夫人的解法是：

设从 2 号渡口调往 4 号渡口 x 艘船，这里 x ≤ 6，则从 2 号渡口调往 3 号渡口（6 − x）艘船，1 号渡口调往 4 号渡口（8 − x）艘船，1 号渡口调往 3 号渡口 [12 − （8 − x）] 艘船；

总运费为 300x + 500 × （6 − x） + 400 × （8 − x） + 800 × [12 − （8 − x）] = 200x + 9400

要使得运费最省，那么 x = 0，相当于从 2 号渡口调往 4 号渡口 0 艘船，2 号渡口调往 3 号渡口 6 艘船，1 号渡口调往 4 号渡口 8 艘船，1 号渡口调往 3 号渡口 4 艘船，总运费为 9400 两银子。

糜夫人的解法是：

先从运费最少的地方考虑，如把 2 号渡口的全部 6 艘船都调往 4 号渡口，仅仅花费 6 × 300 = 1800 两银子，4 号渡口需要 8 艘船，还差 2 艘，就只能从 1 号渡口调往 4 号渡口 2 艘船，花费 2 × 400 = 800 两银子；这样 1800 + 800 = 2600 两银子，虽然比甘夫人的解法 1 号渡口调往 4 号渡口 8 艘船花费的 8 × 400 = 3200 两银子少，但是总的运费反而更多了，10 × 800 + 2600 = 10600 两银子。

所以要改变思路，先比较需要量多且运费也多的地方如何省钱，即考虑如何最经济实惠地满足 3 号渡口的需求。

2 号渡口调往 3 号渡口 6 艘船花费 6 × 500 = 3000 两银子，还缺 4 艘，再从 1 号渡口调，4 × 800 = 3200 两银子，剩下的 1 号渡口的 8 艘船都调给 4 号渡口，花费 8 × 400 = 3200 两银子，这样总共花费 3000 + 3200 + 3200 = 9400 两银子。

关羽把答案告诉老军士，老军士见难不住关羽，便把船靠到岸边，关羽这才护车仗上船。

就此，关羽一路上过了五关，斩了六将，保着两位嫂夫人终于来到袁绍的属地。

自测题

有 A、B、C、D 四个快递站，其中只有 A、B 两个快递站有快递车，而且 A 快递站可调往其他快递站 6 辆快递车，B 快递站可调往其他快递站 4 辆快递车。现在要给 C 快递站调去 3 辆快递车，给 D 快递站调去 2 辆快递车，每辆快递车运费如下：

快递站	C 快递站	D 快递站
A 快递站	200 元	100 元
B 快递站	50 元	150 元

请问，怎样调度最省运费？

注意此题跟故事中的渡口调船问题有一定区别，在故事中，1、2号渡口可以调出的船只总共18艘，而需要往3、4号渡口调的船只总数也正好是18艘。在本题中要求给C快递站调去3辆快递车，给D快递站调去2辆快递车，分别少于A、B两个快递站可以往其他快递站调出的6辆快递车和4辆快递车。所以解题思路是直接选取最便宜的费用即可。

观察表格可以发现：调往C快递站最便宜的运费是50元，因此就选择从B快递站调车；同样，调往D快递站最便宜的运费是100元，因此就选择从A快递站调车。

总运费为50×3 + 100×2 = 350（元）。

所以要使得运费最省，那么从B快递站调往C快递站3辆快递车，从A快递站调往D快递站2辆快递车。

铜雀台的工期

　　话说关羽千里走单骑，与刘备相会古城之后，袁绍以"衣带诏"为名，率领大军讨伐曹操，于官渡之战被曹操击败。袁绍死后，他的儿子们相互残杀，被曹操各个击破。曹操继而征伐乌桓一统北方。之后，曹操按郭嘉遗计平定辽东。郭嘉跟随曹操从征十一年，多立奇勋，只可惜早亡。曹操命人先送郭嘉灵柩于许都安葬，随后领兵回冀州。

　　北方既定，曹操接下来打算图谋江南之地。这晚他宿于冀州城东角楼上，凭栏仰观天象，有荀攸在旁相随。曹操手指天空道："南方旺气灿然，恐怕不好图之。"

　　荀攸说："以丞相天威，谁敢不服？"正说话间，忽然一道金光拔地而起。

　　荀攸道："必有宝物藏于地下。"

　　曹操下楼，令人在发光处挖掘，果然掘出一只铜雀。

　　曹操问道："先生可知这是什么征兆？"荀攸道：

"古时候舜母梦到玉雀入怀，便生下舜。今丞相得到铜雀，肯定是吉祥之兆。"曹操大喜，遂命人即日破土断木，烧瓦磨砖，筑铜雀台于漳河之上，大约一年后就可完工。

曹植进言道："既然要建高台，就要建三座：中间最高者，名为铜雀；左边一座，名为玉龙；右边一座，名为金凤。再建两架飞桥，横空而上，这样才壮观嘛。"曹操听了十分高兴，原来曹操有五个儿子，唯独曹植聪敏，且善文章，曹操平日最疼爱的就是曹植。

荀攸道："只是这样的话，工期就要延长了。"

曹植道："我知道邺郡至少有两家能够垒建高台的工匠班子。甲班子单独修建三座高台，需要3年完工；

乙班子单独修建三座高台，需要2年完工。"

曹操道："我还是希望一年左右就可完工。"曹植笑道："父王不必顾虑，只要吩咐甲、乙两家工匠班子一起修建，就可以缩短工期了。"曹操很在意细节，忙问具体时间。

曹植详细算道："父王请看，假设修建三座高台的工程总量为1，则甲班子单独修建，每年能够完成总量的 $\frac{1}{3}$；乙班子单独修建，每年能够完成总量的 $\frac{1}{2}$；那么甲、乙两个班子合建需要的时间就是 $1 \div \left(\frac{1}{3} + \frac{1}{2} \right) = \frac{6}{5} = 1.2$（年）。"

这个时间曹操觉得可以接受，于是便留曹植与曹丕在邺郡继续造台，令张燕守北寨，他带着所得的袁绍之兵，共五六十万，一起班师回了许都。

自测题

果子城要修一条南北纵向的主干道，甲队单独修要修20天，乙队单独修要修30天，如果两队同时修，多少天能完成？

设道路总长为 1,

甲队每天修的占道路总长的 $\frac{1}{20}$,

乙队每天修的占道路总长的 $\frac{1}{30}$,

两队同时修,需要:$1 \div (\frac{1}{20} + \frac{1}{30}) = 12$(天),

所以如果两队同时修,12 天能完成。

曹操屯田

曹操回许都后，先大封功臣，再聚起谋士商议南征刘表之事。荀彧道："大军刚刚北征而回，还是要等待半年，养精蓄锐，到时再攻刘表、孙权，方可一鼓作气拿下。"曹操听从了荀彧的建议，遂分兵屯田，以候调用。

因为当时打仗需要积蓄粮草，所谓"兵马未动，粮草先行"，粮食补给跟上了，才不会军心涣散。曹操作为军事家，当然明白粮食的重要性，于是大张旗鼓地实行屯田制。

曹操屯田分为两种：民屯和军屯。民屯就是由农民作为耕地的主力军，收入与官府分成，如果农民使用官府提供的耕牛，则分成为官六民四，即官府占六成，农民占四成；如果不使用官府的耕牛，则对半分，各占五成。军屯则是以士兵为耕地的主力军，收成当然自产自

销，全部充作军粮。

　　曹操非常关心粮食耕作，这天亲自下到一处屯田地巡视。这是军屯的田地，看着长势喜人的青青麦苗，曹操很是欣慰，叫来屯田都尉刚要表扬几句，曹操带来的谋士荀彧却问道："你们这全部420人都参加耕种工作了吗？"

　　"参加了，参加了，谁敢不参加啊！"屯田都尉应道。

　　"那耕旱田的士兵有多少人？"荀彧问。

　　"359人。"屯田都尉道。

　　"那岂不是有61人偷懒了吗？"荀彧皱起眉头。

屯田都尉吓了一跳，赶紧解释："可有 339 人是耕了水田的！"

荀彧又说："那不是又有 81 人偷懒了？"

曹操很聪明，没有被绕晕，当即问道："那既耕了水田，又耕了旱田的士兵有多少人呢？"

屯田都尉老实交代："279 人。"

曹操眼睛一亮，狠狠朝屯田都尉瞪过去，同时捻着胡须道："我知道偷懒的到底有几个人，还知道他是谁。"

原来，曹操根据屯田都尉和荀彧的对答，已经快速在脑海中画出了一张饼状图：

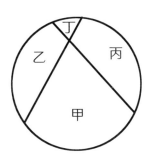

如上图所示，圆圈代表这个军屯所有士兵 420 人。其中，甲代表既耕了水田又耕了旱田的 279 人；乙代表只耕了水田的人；丙代表只耕了旱田的人；甲＋乙代表

耕了水田的 339 人；甲＋丙代表耕了旱田的 359 人；丁代表两种田地都没有参与劳作，完全偷懒的人。

359 ＋ 339 ＝ 698（人）；

从图示可以看出，其中甲代表的 279 人被加了两次，所以要减去一个 279：

698 － 279 ＝ 419（人）；

这 419 人就是所有参加了耕田的士兵人数。

最后用该军屯总人数减去参加了耕田的士兵人数：420 － 419 ＝ 1（人），就是偷懒的人。

曹操算出偷懒的只有一个人，那很明显，这个军屯有能力堂而皇之偷懒又不会轻易被人发现的只能是眼前这个屯田都尉大人了。

自测题

　　班上有 60 名学生，马上要举行新年晚会了，大家纷纷报名，其中报名唱歌类节目的有 35 人，报名舞蹈类节目的有 40 人，两种节目都报名的有 27 人。你们知道什么节目都没报的有多少人吗？

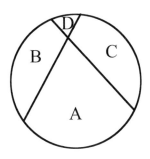

如图所示，圆圈代表这个班所有学生60人。其中，A代表两种节目都报名的有27人，B代表只报名唱歌类节目的人，C代表只报名舞蹈类节目的人，A＋B代表报名唱歌类节目的有35人，A＋C代表报名舞蹈类节目的有40人，D代表什么节目都没报的人。

则 A＋B＋C：35＋40－27＝48（人）；

这48人就是所有报名的人数。

所以 D 为 60－48＝12（人），就是什么节目都没报的人数。

三顾茅庐三解图形题

　　话说刘备为躲避曹操的讨伐，往荆州投奔同为汉室宗亲的刘表，得以屯兵新野，又得徐庶相佐，打败曹兵，夺取樊城。曹操忌惮徐庶，便派人将徐庶的老母亲接到许昌软禁起来。程昱又骗得徐母笔迹，仿其字体，诈修家书一封，要挟徐庶投奔曹操，否则徐母有难。徐庶最是孝顺，怎能不救母亲？只得向刘备请辞。徐庶临走时告诉刘备："襄阳城外二十里的隆中住着一位高人，主公如果能把他招至麾下，就如同周文王得到姜子牙、汉高祖得到张良啊！我与他相比就如乌鸦比凤凰！"

　　刘备惊问："这是何人？"

　　徐庶说："他是琅琊阳都人，复姓诸葛，名亮，字孔明。他住的地方叫卧龙冈，因此还给自己起了个雅号叫'卧龙先生'！"

　　刘备忽然想起一事："昔日水镜先生曾对我说：'伏

龙、凤雏，两人得一，可安天下。'先生举荐的这位莫非就是伏龙、凤雏其中之一？"

徐庶点头："凤雏是襄阳庞统，伏龙正是诸葛孔明。"

刘备喜得手舞足蹈："今日方知伏龙、凤雏是谁，没想到大贤就在眼前！"

这天，刘备带着二弟关羽、三弟张飞备了一大车礼物，一起来到隆中，向当地村民打听到诸葛亮的住处，便来到卧龙冈上疏林内茅草屋前，刘备翻身下马轻叩柴门。

一个憨头憨脑的小童子开门问："来者何人？"

刘备抱拳说："请童子代为传告，就说中山靖王刘胜之后，汉左将军宜城亭侯领豫州牧刘备刘玄德特来拜见卧龙先生。"

童子拍拍脑门说："我可记不得这许多名字。"

刘备道："你只说皇叔刘备来访就好。"

童子歉然道："我家先生一早就出门云游去了，踪迹不定，归期也不定，或三五天，或十几天。"

刘备听了惆怅不已。

童子拿过一张竹简，说："感谢刘皇叔送的礼物，我家先生早就料到皇叔要来，这是回礼，还请皇叔务必

笑纳。"

刘备暗暗惊讶，心想：卧龙先生果然名不虚传，竟然算到我要来！再一看竹简，只见上面画了八个方格（如下图所示），还写了一道题目：

请在每个正方形里填上 1～8 中的一个数字，不能重复填写，而且相邻的格子中数字不得相连，比如 3 的上、下、左、右格子中不能有 2 和 4，以此类推。

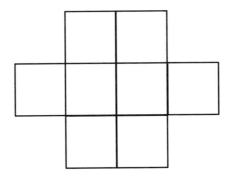

刘备顿时明白了，心想：卧龙先生是在考我呢，如果我答不上来，自然也不配做他的主公了。

刘备当即用心思量：只有中间这两个格子毗邻的其他格子最多，那我就把 1～8 中最小的数字和最大的数字都填在这两个格子中，1紧邻的数字是2，8紧邻的数字是7，我再把7和2岔开填入左、右两端的格子中，然后剩下的四个格子就好填了。

最终，刘备的答案如下图所示：

刘备把答题的竹简交给童子，童子看了很满意，请刘备下次再来。

过了几天，刘备派人探听到孔明已经回来了，这才带上关羽和张飞，再向隆中进发。半道上忽然下起大雪，张飞便提议回新野暂避风雪，刘备却坚持前行。

到了卧龙冈，刘备还像上回一样下马叩门。童子推门出来说："三位来得正好，先生正在草堂内读书。"

刘备大喜，忙迈步进去，见中门上写一副对联："淡泊以明志，宁静而致远。"

来到草堂，见一位少年守着火炉抱膝取暖，口中喃喃唱着一曲山歌："凤翱翔于千仞兮，非梧不栖；士伏处于一方兮，非主不依。乐躬耕于陇亩兮，吾爱吾庐；聊寄傲于琴书兮，以待天时。"

刘备很有礼节，等少年唱完，才上前施礼说："孔明先生，刘备不才，久慕先生之名，可惜无缘拜会。上次因徐元直举荐，来到仙庄，不遇空回。今特冒风雪而来，得瞻先生道貌，实为万幸！"

少年慌忙答礼："皇叔认错人了。我们兄弟三人，长兄诸葛瑾，现在江东孙仲谋处为幕宾，孔明是我二哥，我叫诸葛均。皇叔来得实在不巧，二哥又出外闲游去了。"

刘备唉声叹气，感叹自己缘分浅薄，两番不遇大贤，便借纸笔作书一封，以表殷勤之意，随后起身告辞。

诸葛均忽然说道："皇叔慢走，二哥还有一份薄礼托我转交皇叔。"

刘备接过来一看，这次竹简上的图形更多了（如下页图所示），要求根据所给的图形规律，选出问号处应该是甲、乙、丙、丁哪一个图形。

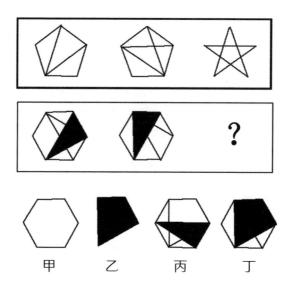

甲　　乙　　丙　　丁

　　刘备求才心切，老老实实思考，最后想出图形中的规律是：把前两个图形重叠起来，删掉重复的线段，就能得到第三个图形。所以答案是乙。

　　诸葛均看了满意地点点头："请皇叔下次再来，下次我二哥一定在。"

　　连续两次扑空，关羽和张飞都非常不高兴，觉得这位卧龙先生言过其实，所以才不敢见刘备。但刘备却依旧执着，势要请得卧龙出山！

　　转眼花谢花开，冬去春来，刘备选定良辰吉日，斋戒三天，熏沐更衣，这才带着关羽和张飞第三次去请诸葛孔明。

兄弟三人离草庐还有半里地，刘备为了表示恭敬，就下马步行。半道上遇到诸葛均，得知孔明在家，刘备欢喜不已，一直走到庄门前，让童子通报。

童子说："先生昨晚会友饮酒，喝得多了些，现在还没睡醒。"

刘备便不让童子通报，以免打扰先生的美梦，又吩咐关羽、张飞等在门口，自己徐步进了草堂，恭敬地拱手立于阶下等候。

等了半晌，张飞焦躁起来，说要放火烧草堂，看着火了孔明还起不起。关羽好不容易才劝住这个莽撞的三弟。

刘备怕他们惊扰了孔明，又让他们去门外等候。

刘备望向堂上，只见孔明翻身将起，忽又朝里壁睡下。童子欲报，又被刘备阻止了。就这样，刘备又站了一个时辰孔明才醒，口中吟诗道："大梦谁先觉？平生我自知。草堂春睡足，窗外日迟迟。"吟罢，孔明翻身问童子："是不是有客人到了？"童子答道："刘皇叔在此，已立候多时。"孔明起身道："何不早报！容我更衣。"遂转入后堂。又过半晌，孔明方整好衣冠出迎。

刘备见孔明身高八尺，面如冠玉，头戴纶巾，身披鹤氅，飘飘然有神仙之气概，忙下拜道："刘备乃汉室末胄、涿郡愚夫，久闻先生大名，如雷贯耳，可惜前两次来不得一见，又给先生留书信一封，不知先生可看到了？"

孔明谦逊道："我只是一个南阳野人，疏懒成性，却屡蒙将军上门求见，不胜羞愧。"

二人叙礼毕，分宾主落座，童子献茶。

茶话间，孔明又命童子取出西川五十四州图，说道："将军欲成霸业，北让曹操占天时，南让孙权占地利，将军可占人和。先取荆州为家，后取西川建基业，以成鼎足之势，然后可图中原也。"正是未出茅庐，已知三分天下。

刘备叹服，郑重拜请孔明出山相助。

孔明笑道："皇叔不忙，你若再答出一道题目，我就跟你出山！"随即拿出一副围棋和一张小棋盘摆到刘备面前。

孔明先将 6 枚黑子摆在棋盘上，说道："皇叔，您看这棋盘上面四横四纵，请皇叔再用 8 枚白子，添加到棋盘上，使得每一纵列、每一横行上面的棋子数量都是 3。"（如下页图所示。）

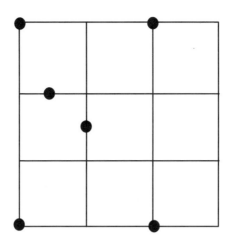

刘备想了又想，从孔明已经摆放的 6 枚黑子来看，并非是按照围棋的码放规则，只要放在四横四纵上即可，不用拘泥于交叉点，因此要打开思路……终于，他脑中灵光一闪，添上了棋子（如下图所示）。

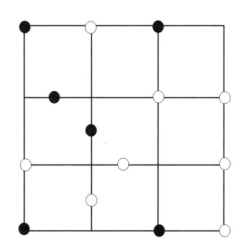

孔明赞道："皇叔高明！其实我早听闻皇叔乃贤德聪慧之人，我愿意追随皇叔一生一世，鞠躬尽瘁、死而后已！"

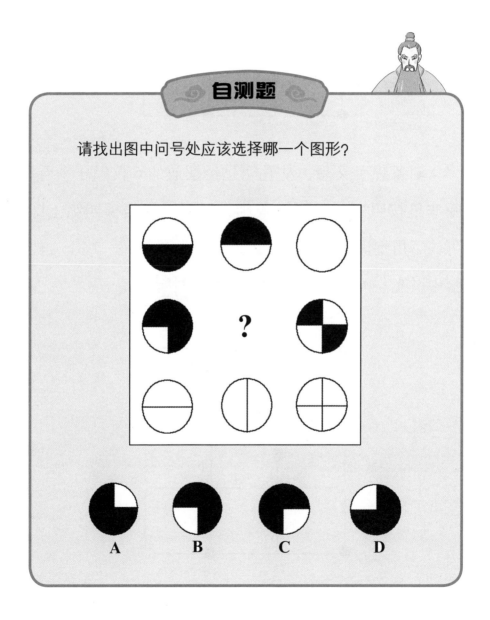

自测题

请找出图中问号处应该选择哪一个图形？

A。

图形中的规律是：前两个图案叠在一起，得到第三个图案。

长坂坡单骑救主和铁甲圆圈阵

话说诸葛亮出山辅佐刘备后，先在博望坡火烧曹兵，又火烧新野，曹操大怒，举大军来追杀刘备。刘备弃樊城，阻襄阳，一路率领军民，节节败退。曹操听说刘备带着百姓一天只走十几里，小半个月才走出三百多里，就选派五千铁骑兵，限令一天一夜赶上刘备，其余大军随后赶上。

刘备这边得不到关羽的音信，又派诸葛亮去见刘琦，让刘封领五百兵护送。刘备的军队正走着，忽然一阵大风刮得不见天日。简雍大惊，劝道："曹兵马上就追上来了，主公可弃了百姓先走。"

刘备不忍心抛弃百姓，就驻扎在当阳县的景山上。此时已是初冬，夜间寒风刺骨，百姓哭声遍野。

四更时，曹兵从西北方杀来，刘备忙领两千兵迎敌。正当危急时，张飞杀来，救下刘备往东而去。文聘拦住去路，刘备怒骂："背主之贼，你还有脸见我吗？"文聘羞愧满面，领兵撤走。

走到天明，刘备见手下仅剩百余骑，两位夫人、二糜、简雍、赵云与百姓都不见了。刘备心中一酸，大哭道："十几万百姓为我遭了大难，众将及老小也不知存亡……莫非天要亡我……"

正哭着，糜芳负伤踉跄赶来，说道："赵云投奔曹操去了。"

刘备不信。张飞却说："大哥，他见我们势穷力尽，八成是贪图富贵归降曹操了。"

刘备仍然不信。糜芳说："我亲眼见他奔西北去了。"

张飞恨恨地说："赵云这个叛徒……我去寻他，定要将他一矛刺死！"

刘备说："三弟啊，无凭无据，不要乱猜疑，你忘了古城相会的事了？子龙此去，必有原因。"

张飞听不进去，就带了二十骑兵来到长坂桥，见桥东有一片树林，想出一条计策，让部下砍来树枝，都拴在马尾上，让马匹在树林中来回奔驰，扬起尘土，让人以为这里埋伏着大量人马。他自己横矛立马于长坂桥上，向西张望。

再说赵云可没有归降，而是在曹军中往来冲突，直杀到天明，找不到刘备，又与刘备的妻小失散，寻思就这样回去没脸见主公，定要寻到主母与小主人才行。赵云看看手下，只剩三四十骑兵，于是稍稍提振一下士气，命大家一起在乱军中搜寻主公的妻小。正走着，见简雍负伤卧在草丛中，赵云问："见到两位主母了吗？"

简雍说："二位主母抱着阿斗走了。"

赵云让一员手下让出马来，把简雍扶上马，派两个小兵护送他，自己就拍马直奔长坂坡。路上，又有一受伤的小卒说见甘夫人蓬头赤足，随一伙百姓往南去了。赵云赶上去，找到甘夫人，得知甘夫人与糜夫人被敌军冲散，也不知糜夫人和阿斗的下落。这时，一支敌军冲来，赵云见糜竺被淳于导绑在马上，大喝一声，纵马挺枪，杀散敌军，夺来两匹马，请甘夫人上马，护送她和糜竺来到长坂桥桥头。

张飞看见赵云，大叫："子龙，你为什么反我哥哥？"

赵云被张飞冤枉，十分委屈："我四下寻找主母和小主人，哪里反了？"

张飞说："要不是简雍先来报信，我饶不了你！"

赵云得知误会已解，也不多言，让糜竺保甘夫人过河见刘备，换马再次冲入敌阵。

突然，有一敌将手提铁枪、身背宝剑，领数十骑而走。赵云一枪刺死敌将，夺过剑，一看是"青釭"剑。赵云知道曹操有两把宝剑，一名"倚天"，一名"青釭"。倚天剑被曹操随身佩带，青釭剑则由背剑官夏侯恩背着。两把剑都锋利无比，削铁如泥。赵云于是收了宝剑，东冲西突，逢人就打听糜夫人的下落。

终于听一个百姓说："糜夫人就坐在那边的断墙后面。"

赵云赶紧寻过去，见糜夫人伤了腿，坐在墙后井边，正抱着刘备的儿子阿斗哭得伤心。赵云让夫人抱着阿斗上马，他要步战保他们突围。

糜夫人说："可怜皇叔飘零半世，只有这点骨血，将军保孩子出去，我虽死无憾。"

赵云一再请她上马快走，她说："将军怎能没马？此子全靠将军保护，别让我连累了将军。"赵云三番五次请她上马，只听四面敌兵杀声大作，糜夫人急了，忽然把阿斗放到地上，自己跳入井中。赵云怕曹兵盗尸，推倒土墙盖住井口，解开勒甲条，放下护心镜，把阿斗缚在怀里，提枪上马。正遇曹洪的部将晏明，赵云力贯长枪，一枪刺死晏明，杀散众军，冲出一条血路。

正走着，又碰见曹操手下大将张郃，二人斗了十多个回合，赵云不敢恋战，拨马就走，不料连人带马栽进陷马坑。张郃挺枪来杀赵云，忽然一道红光，那马竟又跃出土坑。张郃大惊，转身就走。赵云往前冲去，后有马延、张顗，前有焦触、张南。赵云真是杀得血贯瞳仁，一手舞枪，一手挥剑，杀得曹兵鬼哭狼嚎。再往后，曹兵都学乖了，只远远站着摇旗呐喊，都不敢跟赵云近身肉搏。

曹操在景山顶上，居高临下，看得一清二楚。他望见一银盔银甲的小将，所到之处，威不可当，急问左右："这是何人？竟如此英勇！"

曹洪回报曹操："这人是常山赵子龙！"

曹操点头："原来是他，单枪匹马在我军中杀了个七进七出，真是虎将啊！"

曹洪看出曹操爱才如命，有意收降赵云，便说："大人啊，我有一个铁甲兵组成的圆圈阵，可以派出降伏赵子龙。"

曹操自然点头应允。

只见曹洪的铁甲兵圆圈阵十分古怪，8个红色铁甲兵、2个黑色铁甲兵，然后又是8个红色铁甲兵、2个黑色铁甲兵……依次串成一圈共40人，正好把赵云圈在中间。赵云被围阵中，并未慌张，为了节省体力，他选择从第2个黑甲兵开始过招，然后跳过6名士兵，再与下一人过招。

曹操心中一动，有意要考考曹洪，便问："子廉，你可猜得到那赵子龙经过几轮才能再与黑甲兵过招吗？"

曹洪哪里算得出来，羞愧难当，只有拜请曹操解答。

曹操笑道："不妨从第1个红甲兵开始，对士兵依次进行编号，你这圆圈阵总共40人，那么编号自然是从1到40。编号的个位数字是1到8的，为红甲兵，个位数字是9和0的，为黑甲兵。赵子龙从第2个黑甲兵开始过招，也就是从10号开始进行轮战。

"第1轮是10+6+1=17号，红甲兵；

"第2轮是17+6+1=24号，红甲兵；

"第3轮是24+6+1=31号，红甲兵；

"第4轮是31+6+1=38号，红甲兵；

"第5轮是38+6+1=5号（超过40相当于转了一圈，回到小号码），红甲兵；

"第 6 轮是 5+6+1=12 号，红甲兵；

"第 7 轮是 12+6+1=19 号，个位是 9，黑甲兵。

"所以赵子龙经过 7 轮之后，方才再与黑甲兵过招。"

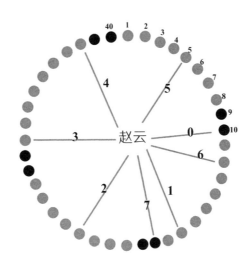

"大人高明！"曹洪心悦诚服。

曹操又道："这里还有一个速算的法门，你看这里面有一个规律，相当于编号以 7 递进，直接找 7 的各个倍数，然后看个位数，看何时能到 9 或 0。那么一七得七，二七十四，三七二十一……直到七七四十九，个位才是 9，所以可以很快算出是 7 轮之后，再与黑甲兵过招。"

事实证明，曹操的计算完全正确。只是赵云二番跟黑甲兵过招便找到了对方破绽，一枪刺死黑甲兵，冲出了圆圈阵。

曹操还不死心，居然下令飞马传报各处："看到赵云，不许放冷箭，要捉活的，违令者斩。"

曹操打的如意算盘是只要得到赵云，用多少大将的性命交换也值！也亏得有曹操这样的指令，赵云才侥幸得脱此难，将阿斗交还刘备。这一场长坂坡大战，赵云怀抱后主，杀出重围，砍倒大旗两面，夺槊三条，前后枪刺剑砍，杀死曹营名将五十余员。

后人有诗曰："血染征袍透甲红，当阳谁敢与争锋！古来冲阵扶危主，只有常山赵子龙。"

自测题

假设赵云面对铁甲兵圆圈阵，选择从第 2 个黑甲兵开始过招，然后跳过 3 名士兵，再与下一人过招。那么他要经过几轮才能再与黑甲兵过招？

从第1个红甲兵开始，依次为士兵编号，因为圆圈阵总共40人，那么编号自然是从1到40。编号的个位数字是1到8的，为红甲兵；个位数字是9和0的，为黑甲兵。赵云从第2个黑甲兵开始过招，也就是从10号开始进行轮战。

第1轮是10+3+1=14号，红甲兵；

第2轮是14+3+1=18号，红甲兵；

第3轮是18+3+1=22号，红甲兵；

第4轮是22+3+1=26号，红甲兵；

第5轮是26+3+1=30号，个位是0，黑甲兵。

所以赵云经过5轮之后，方才再与黑甲兵过招。

速算方法：找到其中规律，相当于编号以4递进，直接找4的各个倍数，然后看个位数，看何时能到9或0。那么一四得四，二四得八……直到五四二十，个位才是0，所以可以很快算出是5轮之后，赵云才再与黑甲兵过招。

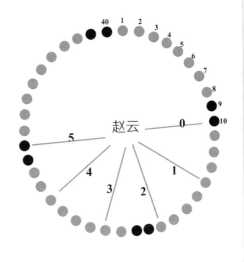

数学小魔术

　　将一副扑克牌包括大王、小王共 54 张牌洗匀，然后分成均等的两堆牌，确保每个牌堆都有 27 张牌，这时候你让一名观众数一数第一堆里的红色牌张数，比如是 15 张。

　　然后你往第二堆牌上吹口气，叫一声"变"，然后说第二堆里的黑色牌的张数也是 15 张，随后再请之前那名观众来检查，保证真的是 15 张黑色牌。

　　魔术背后的奥秘到底是怎样的呢？让我们来揭秘吧：

　　两堆牌中一共有红色 27 张（包括大王），黑色 27 张（包括小王），比如第一堆里红色牌是 15 张，那么其余的一定是黑色牌，黑色牌张数是 27 − 15 = 12 张，那么第二堆里剩下的黑色牌是 27 − 12 = 15 张。

　　第一堆里红色牌不是 15 张，是其他数字也一样，因为任意 x 张红色牌，第二堆里剩下的黑色牌的公式都是：27 −（27 − x）= x 张。

舌战群儒里的真假话

话说赵云血战长坂坡，于乱军中救出刘备之子阿斗。曹操在军事上已经取得了巨大的优势，然而南方的刘备和孙权始终是曹操的心腹大患，于是曹操统率83万大军南征，对外宣称是百万大军。

曹军南下，刘备首当其冲。刘备借居荆州，兵微将寡，虽然仰仗用兵如神的军师诸葛亮在个别战斗中取得了胜利，却终究无力阻止曹军南进，正节节败退，面临着灭顶之灾。

孙权那时接替了其兄长孙策，成为东吴之主。他那边也好不到哪儿去，他虽然占据着江东六郡，有一定的实力，但也难与曹操抗衡。是战是降，臣子内部意见有分歧，出现了以鲁肃为代表的主战派和以张昭为代表的主和派。

孙权本人既不愿降曹，又恐曹军人多势众难以抵挡，正在犹豫观望。

为保全东吴，鲁肃向孙权提出联刘抗曹的主张，孙权遂派他去刘备那里探听情况。诸葛亮与鲁肃不谋而合，于是便与鲁肃结伴到柴桑劝说孙权。

在馆驿中住了一晚，次日，诸葛亮跟着鲁肃来到帐前，只见张昭、顾雍等一班文武二十余人，峨冠博带，整衣端坐。诸葛亮逐一相见，互通姓名。

东吴第一谋士张昭率先诘问诸葛亮自比管仲、乐毅，却使刘备弃新野，走樊城，败当阳，奔夏口，无容身之地，"为何刘备自从有了孔明先生，反倒不如当初了？"

诸葛亮不卑不亢，侃侃而谈，说明刘备是仁义之师，不肯舍去黎民百姓，再加上兵将太少，所以吃了很

多败仗，但是他胸有大志，屡败屡战，暗讽东吴群儒没有大志，只知道投降曹操。一席话说得张昭无言以对。

东吴的虞翻又说："现在曹公兵屯百万，将列千员，龙骧（xiāng）虎视，意欲吞并江夏，你怎么看？"

诸葛亮答道："曹操打败了袁绍，从袁绍那里得到很多兵，大兵压境，若说不怕，那就是说大话了！我家主公刘备以数千仁义之师，怎敌得过百万残暴之众？退守夏口，只是等待时机。而你们江东兵精粮足，且有长江之险，还要让你们的主公屈膝降贼，不顾天下人耻笑。这么说的话，刘备才真正是不怕曹操的人！"

面对之后步骘（zhì）、薛综等人的发难，诸葛亮一一化解。

这时候诸葛瑾站出来，说暂且不论是战是降，先比比逻辑思辨的能力。诸葛瑾虽是诸葛亮的兄长，但现在兄弟二人各为其主，诸葛亮只好坦然应战。

于是诸葛瑾出了一道题：

一天，面对曹操大军有不同主张的鲁肃和张昭相遇。"我是鲁肃。"主和派的那位说。"我是张昭。"主战派的那位说。说完后，两人都笑了。因为他们两人中至少有一个人在说谎。

据此，可以推断出下列哪项为真呢？

甲：鲁肃说真话，他是主和派。

乙：鲁肃说假话，他是主战派。

丙：张昭说真话，他是主和派。

丁：张昭说假话，他是主战派。

诸葛亮微笑答道："答案是乙。因为题干中说两人中至少有一人说谎，假设主和派的说真话，所以主和派的为鲁肃，此时因为鲁肃与张昭有不同主张，所以主战派的只能是张昭，那么张昭说的也为真话，两人说的均为真话，与题干'两人中至少有一个人在说谎'矛盾，所以假设不成立，即主和派说的必定是假话，所以主和派不是鲁肃，那么只能是张昭，此时主战派只能为鲁肃，他说的也必定是假话才不矛盾。所以选乙。"

诸葛瑾佩服道："这道题的关键点有两个，一个是两人有不同主张，另一个是两人中至少有一个人在说谎，这两个关键点贤弟你都把握到了，不错，不错。"

张昭抖擞精神道:"正好,我也有一道'真假话'的题目,请孔明先生应答。"

诸葛亮胸有成竹地一挥手:"请先生出题。"

张昭出的"真假话"题目是这样的:

曹操百万雄师来江东后,虞翻、陆绩、步骘、严畯(jùn)四人对他们所在郡的米价是否上涨进行预测。

虞翻说:"我们所在郡的米价都会上涨。"

陆绩说:"严畯所在郡的米价不会上涨。"

步骘说:"我们所在郡的米价有的不会上涨。"

严畯说:"陆绩所在郡的米价不会上涨。"

已知只有一人说假话。请判断以下哪项是真?

甲:说假话的是虞翻,陆绩所在郡的米价不会上涨。

乙:说假话的是陆绩,步骘所在郡的米价不会上涨。

丙:说假话的是步骘,严畯所在郡的米价

不会上涨。

　　丁：说假话的是严畯，陆绩所在郡的米价
不会上涨。

　　诸葛亮答道："答案是甲。首先，请注意题干中说
'只有一人说假话'，那么就可以通过真话和假话的矛盾
之处作为解题的突破口。

　　"第一步，我们来看一下四人中有没有说话矛盾的
呢？很明显，虞翻和步骘说的话相互矛盾，那么它们中
必然有一真一假，但此时，我们能不能立刻判断出谁真
谁假呢？显然，是没办法直接判断出的。

　　"第二步，我们先绕过虞翻、步骘所说的话，结合
题干中说的'只有一人说假话'，我们知道剩下的两人，
即陆绩和严畯说的话一定是真话，即严畯和陆绩所在郡
的米价都不会上涨。

　　"第三步，我们再来看一下，这个时候能不能判断
出虞翻和步骘两人中谁说真话、谁说假话了呢？根据严
畯和陆绩所在郡的米价不会上涨，很明显可以得出，说
假话的是虞翻，说真话的是步骘。

"以上面的结论来评判四个选项，所以，这道题目的答案是甲。"

诸葛亮再次答对，张昭也无话可说。

众人见孔明对答如流，尽皆失色。张温、骆统二人又欲发难，这时候黄盖进来，斥责众人唇舌相难，非敬客之礼，随后与鲁肃一起引孔明入内觐见孙权。诸葛亮又智激孙权，最终促成了孙刘联盟。

自测题

厨房里有四个调料罐，每个调料罐上贴着一张小纸条：第一张写着"所有的调料罐中都有糖"，第二张写着"本调料罐是盐"，第三张写着"本调料罐中不是香油"，第四张写着"有些调料罐中没有糖"。如果这四个调料罐对应的话只有一句是真的，那么以下哪项必定为真？

A. 第一个调料罐中是糖。

B. 第二个调料罐中是盐。

C. 第三个调料罐中是香油。

D. 第四个调料罐中不是糖。

　　C。题目中出现了"只有一句是真的",那首先寻找矛盾点,显然,第一个和第四个调料罐上的话相互矛盾,所以真话必定为二者之一,则第二个调料罐和第三个调料罐上的话是假话,结合选项,则答案锁定为C。

蔡瑁张允操练四方阵型

话说诸葛亮出使江东，舌战群儒，智激孙权，终于使得孙刘联盟，共抗曹操。曹操得知周瑜毁书斩使后大怒，便命蔡瑁、张允等一班荆州降将为前部，曹操自己为后军，催督战船，抵达三江口。

这边东吴船只也渡江而来，为首大将正是甘宁，蔡瑁令弟弟蔡壎（xūn）出战。两船将近，甘宁拈弓搭箭，往蔡壎射来。蔡壎哼都没哼一声，应弦而倒。甘宁驱船速进，万弩齐发，曹军不能抵挡。紧跟着右路蒋钦，左路韩当，两路战船直冲入曹军中。曹军大半是青州、徐州之兵，一向不擅长水战，江面上波涛汹涌，战船一摇摆，连站都站不稳。甘宁等三路战船，纵横水面，曹军毫无招架之力。

周瑜又催船助战，箭炮齐发，曹军中箭中炮者不计其数。这一场大战从巳时直杀到未时，周瑜虽然得利，只恐寡不敌众，不敢恋战，遂下令鸣金，收住船只。

　　见曹军败回，曹操很生气，质问蔡瑁、张允："东吴兵少，咱们反倒吃了败仗，是你们不用心吧！"

蔡瑁慌忙解释："荆州水军久不操练，青、徐之军又向来不习水战，这才导致失败。如今，当先立水寨，令青、徐军在中，荆州军在外，每日操练精熟，方可用之。"

蔡瑁、张允毕竟是降将，曹操对他们的治军能力还不放心，有意要考考他们，便让蔡瑁现场调度船只，摆出一个四方阵型，要求四方阵型的四角分别有 1 艘、2 艘、3 艘、4 艘船只，而把其他 8 组船只（分别由 5 艘、6 艘、7 艘、8 艘、9 艘、10 艘、11 艘、12 艘船组成）安排在四方阵型的四条边上，每边必须有 4 组船只，且每条边上的 4 组船只数总和相等。

曹丞相出题，蔡瑁不敢怠慢，用心思索，终于想出了船只排列的四方阵型（如下图所示）。

1	12	7	2
6			9
11			8
4	5	10	3

这样每一条边的船只总数都是 22 艘。

张允又补充道："丞相请看，这其中还有规律，即 1、2、3、4 是顺时针的，各占正方形的一角，5、6、7、8 也是顺时针的，各占正方形的一边，9、10、11、12 还是顺时针的，依旧各占正方形的一边。

"如此排列，把数字匀开，就能保证每边的数字总和既不会太多也不会太少，接近所有数字的平均数。

"那么所有数的平均数是多少呢？先来算 1 + 2 + 3 + …… + 12。这里用到一个速算法，就是等差数列前 n 项和公式 $S_n = n \times (A_1 + A_n) \div 2$，其中 A_1 是首项，A_n 是末项，n 是项数。即 $(1 + 12) \times 12 \div 2 = 78$。

"再来看 1、2、3、4 这四个数，由于它们在四个角上，所以被两条边共用，因此 78 还要再加上 1、2、3、4 的和，最后等于 88。$88 \div 4 = 22$，这个 22 正好是每条边的船只总数。以上便是我们的布阵思路。"

曹操听了很满意，便吩咐张、蔡二人去训练水军。他们在沿江一带分出二十四座水门，以大船居于外为城郭，小船居于内，可通往来，到了夜晚点灯之时，照得水面一片通明。

周瑜被灯火惊动，第二天便乘坐楼船一只，探察曹营水寨虚实，发现曹军深得水军之妙，寻思道："蔡瑁、张允二人久居江东，谙习水战，我一定要设计先除此二人，方可破曹。"

学校运动会准备排列一个特殊的方阵，要求四角分别站9个、10个、11个、12个人（如图所示），而把其他8组（分别由13人、14人、15人、16人、17人、18人、19人、20人组成）安排在方阵的四条边上，每边必须有4组人，且每条边上的4组人数总和相等。你们知道这个方阵应该如何排列吗？

12			9
11			10

方阵如下：

12	**19**	**14**	**9**
13			**20**
18			**15**
11	**16**	**17**	**10**

从图示可以看出，每一条边的总数是54人。

这题的答案并不唯一，你是否得出了其他正确的答案呢？

同样，其中9、10、11、12是顺时针的，各占方阵的一角，13、14、15、16也是顺时针的，各占正方形的一边，17、18、19、20还是顺时针的，依旧各占方阵的一边，这样把数字匀开，就能保证每边的数字总和既不会太多也不会太少，接近所有数字的平均数。

再看所有数的平均数：

9＋10＋11＋……＋20，还记得那个速算法吗？注意这里还有一个求项数的公式：项数＝（末项－首项）÷公差＋1；再联合等差数列前 n 项和公式 $S_n = n \times (A_1 + A_n) \div 2$，就是（9＋20）÷2×[（20－9）÷1＋1]＝174。

同样，由于9、10、11、12在四个角上，所以它们被两条边共用，因此174还要再加上9、10、11、12的和，即（9＋12）÷2×（12－9＋1）＝42，最后等于216。

216÷4＝54，正好是每条边的总人数。

11＋10＝21，54－21＝33，所以这条边中间两个数相加应得33，很容易找到16＋17＝33；

11＋12＝23，54－23＝31，所以这条边中间两个数相加应得31，很容易找到18＋13＝31；

12＋9＝21，54－21＝33，所以这条边中间两个数相加应得33，很容易找到19＋14＝33；

9＋10＝19，54－19＝35，所以这条边中间两个数相加应得35，很容易找到20＋15＝35；

当然，你算出其中三条边的解法，剩下一条边就是最后剩下的两个数字。

话说曹军发现周瑜偷窥水寨，想要去捉，但周瑜的楼船跑得快，已离了十数里远，追不上了。

曹操得知后气急败坏地说："昨日输了一阵，大挫我军锐气，今又被周郎窥探吾寨。吾当作何计破之？"

话音未落，曹操帐下幕宾蒋干请令去劝降周瑜。原来蒋干自幼与周瑜同窗，当年的交情还不错，所以，蒋干自信凭他那条三寸不烂之舌，可以过江去说降周瑜。

曹操问："要带什么东西吗？"

蒋干道："只需一童随往，二仆驾舟，其余不用。"

曹操甚喜，置酒为蒋干送行。

周瑜正在帐中议事，听说蒋干到了，笑着对诸将道："说客来了！"低声嘱咐一番便出来迎接，高声叫着："蒋兄大老远地来看我，不会是为曹操作说客的吧？"

蒋干愕然道："你我久别，特来叙旧，怎能疑心我是说客？你如此对待老朋友，在下可要告退了！"

周瑜赶紧笑着挽住蒋干的手臂道："蒋兄既无此心，何必着急离去？"遂一同入帐。

酒宴上，周瑜特意把腰间佩剑解下来交给东吴第一猛将太史慈，说道："请将军为我监酒。我和蒋兄是多年老友，今天宴饮，只谈朋友交情，不谈其他，谁要是在酒席上谈论国家战事，你可立即斩下他的脑袋！"

蒋干大惊，下意识地一缩脖子，不敢再提半句劝降的话语。

周瑜却大大方方地开怀畅饮。酒至半酣，周瑜拉着蒋干的手，到军营转了一圈。周瑜先让蒋干看了齐整雄壮的东吴军容，又让他看了堆积如山的粮草，豪气干云，故意说："就是苏秦、张仪转世来到我面前，也休想说动我投靠他人！我只忠于我家主公孙权！"

蒋干听了更加面如土色，张口结舌。

当晚饮酒至夜深撤席后，周瑜假装大醉，携同蒋干回到自己的大帐共寝。周瑜和衣卧倒，蒋干劝降的大任没有完成，如何睡得着？他伏枕侧耳倾听，军中已经打二更鼓了，再看周瑜，只见他鼻息如雷，睡得很沉。

蒋干悄悄起身，借着桌上残灯，但见周瑜的书案上堆满了文书，便翻看起来。忽见一个装重要公文的铁匣子，匣盖上写着"蔡瑁张允往来书信"。蔡瑁、张允两人本为荆州牧刘表的部将，降曹后因深通训练水军之法，被封为镇南侯水军大都督，大权在握。蒋干知道此事事关重大，一定要看看匣子里的书信，可是匣子是带有机关锁的，不能直接开启，而且被牢牢钉在书案上，也无法整个拿走。

　　这时候，周瑜偏偏又口中喃喃作声，把蒋干吓出一身冷汗，凑过去一看，原来周瑜在梦呓："蒋兄，我数日之内，便让你看到操贼的首级！"蒋干眼珠一转，伏在周瑜耳边轻声问道："你那书案上的铁匣子如何打开啊？"

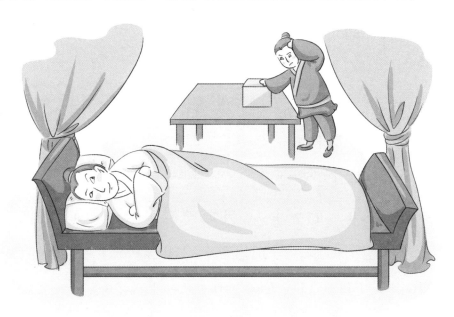

周瑜梦呓道："有四个数，甲、乙、丙、丁，它们的和不超过 400。甲除以乙，商 5 余 5；甲除以丙，商 6 余 6；甲除以丁，商 7 余 7；这四个数的和便是开匣子的机关了……"

蒋干暗笑，周瑜还真是个有心机的人，虽然醉酒之下吐露出机关秘密，但常人还是无法解出来，可谁让我蒋干不是常人呢！蒋干的思考过程是这样的：

由周瑜说的梦话可以逆向得出（把除法变乘法）甲 = 5 × 乙 + 5 = 6 × 丙 + 6 = 7 × 丁 + 7，即甲 = 5 × （乙 + 1） = 6 × （丙 + 1） = 7 × （丁 + 1），可见甲的分解因数中有 5、6、7，所以甲肯定是 5、6、7 的公倍数，即甲 = 5 × 6 × 7 × n = 210n，其中 n 为不等于 0 的自然数。

又因为甲 + 乙 + 丙 + 丁 <400，所以 n 不能大于等于 2；因为如果 n = 2，甲 = 210 × 2 = 420>400，不符合周瑜梦话中的提示。

所以 n 只能等于 1，如此就得出甲 = 210，其他三个数也迎刃而解，分别是乙 = 210 ÷ 5 − 1 = 41，丙 = 210 ÷ 6 − 1 = 34，丁 = 210 ÷ 7 − 1 = 29。

甲 + 乙 + 丙 + 丁 = 210 + 41 + 34 + 29 = 314。

所以破解铁匣子机关的数是 314。

蒋干自作聪明，得意地解开铁匣子的机关，也来不及细看，把里面的书信一股脑儿拿出来藏到怀中，才躺回到床上。

将近四更时，有人入帐叫醒周瑜，说江北有人到了，周瑜悄悄出帐。蒋干假寐，偷听到有人说："张、蔡二都督道：不能急于动手……"后面语声低微，听不真实。少顷，周瑜回来继续睡下。

蒋干寻思："周瑜是个精细人，天明发现书信不见了，必然害我。"睡至五更，蒋干便整理衣衫，悄悄出了大帐，带上小童，直奔辕门，对门口的军士说道："我怕误了都督大事，就此告别。"

那军士也不拦他，任凭蒋干和小童划着小船走了。

一个时辰后，蒋干就见到了曹操。曹操问："蒋兄，事情办得怎样？"

蒋干先请曹操屏退左右，这才神秘兮兮地从怀中取出那沓书信。

曹操匆匆看过几封书信，又听了蒋干偷听到的话语，便以为蔡瑁、张允想投奔东吴，还要把曹操的人头送给周瑜当见面礼！

曹操大怒，拍案而起，喊来蔡瑁、张允，假意说道："咱们在长江北岸驻扎已有些时日，咱们的兵多，粮草消耗不起，我要你二人立刻起兵。"

蔡瑁正襟说："丞相啊，咱们的兵卒很少打水战，水军还没操练纯熟，不可轻进。"

曹操怪笑一声："好哇，若等练熟，我这颗项上人头已经成为你们送给东吴的贺礼了！"

蔡、张二人不明其意，一时无法作答。曹操却以为是二将被拆穿了把戏哑口无言，当即命帐前侍卫把二人推出辕门斩首。

之后，曹操才恍然大悟，明白中了周瑜的反间计。

自测题

有四个自然数，甲、乙、丙、丁，它们的和不超过700，甲除以乙，商5余5；甲除以丙，商8余8；甲除以丁，商11余11。问这四个数的和是多少？

由已知条件可以得出：

甲 = 5 × 乙 + 5 = 8 × 丙 + 8 = 11 × 丁 + 11，

即甲 = 5 × （乙 + 1）= 8 × （丙 + 1）= 11 × （丁 + 1），

可见甲的分解因数中有5、8、11，所以甲肯定是5、8、11的公倍数，

即甲 = 5 × 8 × 11 × n = 440n，其中 n 为不等于0的自然数。

又因为甲 + 乙 + 丙 + 丁 < 700，

所以 n 不能大于等于2；

因为如果 n = 2，甲 = 440 × 2 = 880 > 700，不符合题意。

所以 n 只能等于1，如此就得出甲 = 440，其他三个数也迎刃而解，分别是乙 = 440 ÷ 5 - 1 = 87，丙 = 440 ÷ 8 - 1 = 54，丁 = 440 ÷ 11 - 1 = 39。

甲 + 乙 + 丙 + 丁 = 440 + 87 + 54 + 39 = 620。

所以这四个数的和是620。

草船借箭和水流船速

　　话说周瑜得知自己的反间计成功，曹操已经把蔡瑁、张允二人斩首，喜不自胜，认为除去曹军两位水军统领，就没有后顾之忧了，赤壁大战胜利的天平将要偏向东吴一方。

　　但周瑜担心此计谁都能瞒过，就怕瞒不过诸葛孔明，于是让鲁肃前去试探。

　　鲁肃来见诸葛亮，诸葛亮说："我正要给都督贺喜。"

　　鲁肃问："喜从何来？"

　　诸葛亮笑道："子敬，你明知故问嘛！这条计只能瞒蒋干，曹操虽被一时蒙骗，但很快就会明白，只是不肯认错罢了。"

　　鲁肃无言以对，就要告辞。

　　诸葛亮再三叮嘱："你千万别跟都督说我看破此计，他心怀妒忌，知晓了定要设计害我。"

鲁肃见到周瑜，还是如实说出了诸葛亮的精明。

周瑜大惊，说："这个诸葛孔明……智谋不输于我，此人不杀，必成大患！"

鲁肃怕诸葛亮死了影响孙刘两家的关系，于是忙劝："你现在杀他，万一刘备恼了，与我们结仇，会让曹贼渔翁得利。"

周瑜想了想说："我自有办法杀孔明，让他死而无怨，旁人也说不出我的不是。"

第二天，周瑜召集众将，把诸葛亮也请来了。

周瑜问诸葛亮："请问孔明先生，水上交战，什么兵器最好使？"

诸葛亮据实道："水上交战，江水相隔，两军很难短兵相接，自然是弓箭最好用。"

周瑜点头道："不错。现在我们东吴军中缺的正是箭啊，如果箭矢充足，即使我们的兵力少，也能占到上风。所以烦请先生抓紧时间监造十万支箭。"

诸葛亮坦然道："都督委任，自当效犬马之劳，不知什么时候交箭？"

"十天之内，能造好吗？"

诸葛亮明知周瑜在刁难自己，却说反话："曹军说到就到，十天怕误大事，还是要赶早！我看……三天之后交箭更好。"

周瑜欣喜万分，当即让军政司立了文书，这相当于签了军令状，到时候诸葛亮交不出这么多支箭，就可以按军法处置了。

回去之后，诸葛亮便找鲁肃求救："子敬啊，我叫你口下留情，你偏不听，如今吾命休矣，你也脱不了干系。你快借给我二十条船，每船要军士三十人，总共 $20 \times 30 = 600$（人）。船上还要用青布为幔，再各束草人千余个，分布两边。"

说完，诸葛亮再次提醒鲁肃，借船之事万万不能再告知周瑜。

鲁肃答应了，虽然不解其意，还是回报了周瑜，但没提起借船之事，只说："孔明并不用箭竹、翎毛、胶漆等物，他说自有道理。"

周瑜十分疑惑，说道："且看他三日后如何跟我交差！"

鲁肃私自拨了轻快船二十只，每船三十人，其他布幔、草人等物，尽皆备齐，等候孔明调用。三天之内，诸葛亮这边一点动静都没有，直到第三天夜里四更时分，诸葛亮才把鲁肃秘密地请到船上，说："子敬，时机已到，请跟我取箭去。"

鲁肃睡眼惺忪地问："孔明，这大半夜的……到哪里取箭？"

"子敬不要多问，去了就知道了，保证不虚此行。"

诸葛亮命人把借来的那二十条船用绳索连成一串，往长江北岸驶去。

这夜大雾弥漫，江中雾气更浓，对面看不见人。五更时，船已抵近曹军水寨。诸葛亮又让掌舵的军士把船头朝西、尾朝东一字排开，还命船上的军士擂鼓呐喊。

鲁肃胆战心惊地说："孔明，你这是干什么？唯恐曹兵不知道我们来了吗？假如曹兵出来怎么办？就凭这区区六百士卒，能与百万曹兵抗衡？"

诸葛亮有恃无恐地说："虽然我们来的时候用了 1 个时辰，但回去的时候是顺流，水速是 2 里 / 时辰，而我们的顺流船速将达到 18 里 / 时辰，曹军水寨距离我们尚有 6 里，即使他们的船速跟我们一样，想追上我们也是不可能的！所以，我们只管在船上谈笑风生，等大雾散去就可回营。"

"如何不可能了？孔明，你把话说明白些！"鲁肃没想明白，依旧慌张。

诸葛亮只好说："那我就把我的推论详详细细告诉子敬。根据我的判断，即使他们的船速跟我们一样，静水船速＝顺流船速－水流速度＝ 18 － 2 ＝ 16（里／时辰）；逆流船速＝静水船速－水流速度＝ 16 － 2 ＝ 14（里／时辰）。咱们的草船是从东吴水寨出发的，来的时候是逆流，用了 1 个时辰，相当于 $1 \times 14 = 14$（里），说明草船最后停靠的地点距离东吴水寨有 14 里。那么草船回东吴的时候，所用的时间是：距离÷顺流船速＝ $14 \div 18 = \frac{7}{9}$（时辰）。而曹军水寨距离东吴水寨＝ 14 ＋ 6 ＝ 20（里），曹军战船从曹军水寨到东吴水寨花费的时间是：$20 \div 18 = \frac{10}{9}$（时辰）。$\frac{10}{9} - \frac{7}{9} = \frac{1}{3}$（时辰）。所以曹军战船将落后咱们的草船 $\frac{1}{3}$ 时辰，他们自然追不上咱们。子敬，这下你该放心了吧？"

鲁肃这才惊魂稍定。

再说曹军这边，新任水军都督毛玠、于禁听到东吴有船来战，急忙飞报曹操。曹操谨慎，料想重雾迷江，敌军忽至，必有埋伏，不可轻动。他命令拨水军弓弩手乱箭射之，还怕水军弓箭手不够，又命张辽、徐晃从旱寨中抽调三千弓弩兵，火速赶到江边协助。

不一会儿工夫，水旱两寨万弩齐发，箭如雨下。

诸葛亮看看杯中的酒水倾斜得差不多了，就让船掉头，船头朝东、船尾朝西，继续擂鼓呐喊。

待到日高雾散，诸葛亮便下令赶快回去，还让军士高喊："谢曹丞相赐箭！谢曹丞相赐箭！"

曹操听了，气得肺都快炸了，懊悔不已。想要追击，怎奈东吴的船轻，已先开出二十余里，追之不及。

诸葛亮说："每条船上约有五六千支箭，不费半分气力，二十条船，就得十多万支箭。可以回去向都督交差了！"

鲁肃好奇地问："你怎知今天有大雾？"

诸葛亮哈哈大笑："亮虽不才，也有夜观天象之能！"

鲁肃回去见周瑜，述说草船借箭的经过。周瑜大惊，慨叹道："孔明神机妙算，我不如他呀！"

自测题

假如诸葛亮去北岸是逆流，用了 2 个时辰，但回南岸是顺流，水速是 2 里 / 时辰，逆流船速为 18 里 / 时辰，曹军水寨距离他们 6 里，求曹军战船将落后东吴草船多少时辰？

根据题意，假设双方船只的速度是一样的，

静水船速＝逆流船速＋水流速度＝ 18 ＋ 2 ＝ 20（里/时辰）；

顺流船速＝静水船速＋水流速度＝ 20 ＋ 2 ＝ 22（里/时辰）；

草船去北岸是逆流，用了 2 个时辰，相当于 2 × 18 ＝ 36（里），说明草船距离东吴水寨 36 里。

那么草船回东吴的时候，所用时间是：

距离 ÷ 顺流船速＝ 36 ÷ 22 ＝ $\dfrac{18}{11}$（时辰）。

而曹军水寨距离东吴水寨＝ 36 ＋ 6 ＝ 42（里），曹军战船从曹军水寨到东吴水寨花费的时间是：42 ÷ 22 ＝ $\dfrac{21}{11}$（时辰）。

$\dfrac{21}{11} - \dfrac{18}{11} = \dfrac{3}{11}$（时辰）。

所以曹军战船将落后东吴草船 $\dfrac{3}{11}$ 时辰。

数学小知识

流水行船问题

流水行船问题涉及四种速度，分别是顺流船速、逆流船速、静水船速、水流速度。由于河水本身的流动，所以船只在顺流、逆流时的行驶速度是不同的。

当水流速度为 0 时，水可看作静止的，此时船行驶的速度就是静水船速，公式为静水船速＝（顺流船速＋逆流船速）÷2；

当船顺流行驶时，水流会对船产生一个助力，行驶速度是船速与水流速度叠加，公式为顺流船速＝静水船速＋水流速度；

当船逆流行驶时，水流会对船产生一个阻力，行驶速度是船速与水流速度相减，公式为逆流船速＝静水船速－水流速度。

五更

我国古代把夜晚分成五个时段，首尾及中间三个节点用鼓打更报时，所以叫作五更或五鼓。一夜共有五更，即一更、二更、三更、四更、五更。

对应古代时刻，戌时为一更，亥时为二更，子时为三更，丑时为四更，寅时为五更。因此更与更之间相距一个时辰，比如"草船借箭"的故事中，东吴船只四更出发，五更抵近曹军水寨，因此路上花费时间就是一个时辰。

对应现代时刻，一更为晚上 7 时至 9 时，二更为晚上 9 时至 11 时，三更为晚上 11 时至次日凌晨 1 时，四更为凌晨 1 时至 3 时，五更为凌晨 3 时至 5 时。

"三更半夜"说的正是 23：00 到凌晨 1：00 这个时间段。

周瑜打黄盖和三等稻禾问题

话说诸葛亮草船借箭后，又与周瑜不谋而合，想出了用火攻曹操水军大营之计。恰在此时，已投降曹操的荆州将领蔡和、蔡中兄弟来到周瑜大营投诚。原来曹操气不过平白折损了十五六万支箭，便按荀攸之计，派蔡瑁的族弟蔡中、蔡和诈降东吴。

心如明镜的周瑜不动声色，将计就计，一边重赏二人，让他们做甘宁的前部；一边悄悄吩咐甘宁暗中提防，等到出兵之日，再杀他俩祭旗。

一天夜里，周瑜正在帐内静坐。黄盖忽然潜入中军帐来见周瑜，也提出火攻曹军之计。

周瑜叹道："我正欲如此，故留蔡中、蔡和这两个诈降之人，好为曹操通报假消息。但恨没有人肯为我行诈降计啊！"

黄盖当即说道："黄某不才，愿行此计。"

周瑜又道:"曹操一向奸猾,你不受些苦,他如何肯信?"

黄盖昂首挺胸道:"黄某受主公厚恩,就算肝脑涂地,也无怨无悔。"

周瑜拜谢道:"黄将军若肯行此苦肉计,则江东百姓万幸之至。"

黄盖慨然道:"黄某死而无怨。"

第二天,周瑜将诸将召至帐下,孔明也在座。

周瑜道:"曹贼引百万之众,连营三百余里,非一朝一夕可破。今令诸将各领三个月粮草,准备御敌。"

周瑜话音未落,黄盖却冷言道:"莫说三个月,便乘以十倍,支三十个月粮草,也不济事!若是这个月破得曹兵,便破;若是这个月破不得曹兵,只好依张昭之言,弃甲倒戈,北面而降啦!"

周瑜勃然变色,大怒道:"我奉主公之命,督军破曹,敢有再言降者必斩。今两军对敌之际,你竟敢口出此言,乱我军心,不砍了你的头,难以服众!"言毕,喝令左右将黄盖推出帐外问斩。

黄盖毫无惧色,反而怒道:"我随破虏将军,纵横东南，已历孙家三世，那时候还没有你呢！"

周瑜大怒，喝令速斩。

甘宁进前劝告："黄将军乃东吴老臣，还望都督宽恕他吧。"

周瑜又迁怒于甘宁，命左右将甘宁乱棒打出。

其余众官皆跪下为黄盖求情，周瑜依旧怒气不息。众官苦苦相求，过了多时，周瑜才回心转意，沉声对黄盖道："听你刚刚陈说粮草数目，似乎对算术很在行啊，我便给黄老将军出一个同样跟粮草有关的算术题，倘若老将军答得出来，我便饶你一命。"

黄盖冷哼一声，"都督出题便是。"

周瑜便朗声道："今有上等稻禾三捆，中等稻禾二捆，下等稻禾一捆，能结出粮食四十二斗；上等稻禾二捆，中等稻禾三捆，下等稻禾一捆，能结出粮食三十七斗；上等稻禾一捆，中等稻禾二捆，下等稻禾三捆，能结出粮食二十六斗。请问黄老将军，上、中、下三等稻禾每捆能结多少斗粮食？"

黄盖依旧板着脸，扬眉道："黄某不才，可以解出都督的题目。根据题目，可以列出下面三个等式：

"3 × 上等稻禾 + 2 × 中等稻禾 + 下等稻禾 = 42（1）

"2 × 上等稻禾 + 3 × 中等稻禾 + 下等稻禾 = 37（2）

"上等稻禾 + 2 × 中等稻禾 + 3 × 下等稻禾 = 26（3）

"（1）式减去（2）式得到：

"上等稻禾 - 中等稻禾 = 5；

"中等稻禾 = 上等稻禾 - 5；（4）

"（1）式减去（3）式得到：

"2 × 上等稻禾 - 2 × 下等稻禾 = 16；

"即：上等稻禾 - 下等稻禾 = 8；

"下等稻禾 = 上等稻禾 - 8；（5）

"把（4）、（5）代入（3）式，得到：

"上等稻禾 + 2 × 上等稻禾 - 10 + 3 × 上等稻禾 - 24 = 26；

"解得：上等稻禾 = 10（斗）；

"把上等稻禾 = 10 代入（4）式得到：

"中等稻禾 = 上等稻禾 - 5 = 10 - 5 = 5（斗）；

"把上等稻禾 = 10 代入（5）式得到：

"下等稻禾 = 上等稻禾 - 8 = 10 - 8 = 2（斗）；

"所以上、中、下三等稻禾每捆分别能结粮食10

斗、5斗和2斗。"

周瑜笑道:"黄老将军题目倒是答得不错,好吧,死罪可免,但你动摇军心,活罪难容。来人啊,拖翻打一百脊杖,以正其罪!"

众官还是觉得杖罚过重,仍苦求周瑜高抬贵手。周瑜这回可是寸步不让,他掀翻案桌,斥退众官,喝令速速行杖。行刑的士兵把黄盖掀翻在地,狠狠击打,打到

50脊杖时，黄盖已经皮开肉绽，鲜血迸流，昏厥了数次。周瑜看得心疼，表面却无动于衷。待到众官再次苦求，周瑜才叫停了杖责，将余下50棍寄下，再有怠慢，二罪并罚！

这就叫周瑜打黄盖——一个愿打，一个愿挨。这出苦肉计在蔡中、蔡和两人眼皮子底下上演，已经暗中生效。

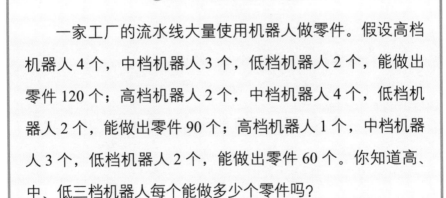

自测题

　　一家工厂的流水线大量使用机器人做零件。假设高档机器人4个，中档机器人3个，低档机器人2个，能做出零件120个；高档机器人2个，中档机器人4个，低档机器人2个，能做出零件90个；高档机器人1个，中档机器人3个，低档机器人2个，能做出零件60个。你知道高、中、低三档机器人每个能做多少个零件吗？

根据已知条件列出下面三个等式：

4×高档机器人＋3×中档机器人＋2×低档机器人＝120（1）

2×高档机器人＋4×中档机器人＋2×低档机器人＝90（2）

高档机器人＋3×中档机器人＋2×低档机器人＝60（3）

（1）式减去（2）式得到：

2×高档机器人－中档机器人＝30；

中档机器人＝2×高档机器人－30；（4）

（1）式减去（3）式得到：

3×高档机器人＝60；

即高档机器人＝20（个）；（5）

把（5）代入（4）式，得到：

中档机器人＝2×高档机器人－30＝2×20－30＝10（个）（6）；

把（5）、（6）代入（3）式，得到：

20＋3×10＋2×低档机器人＝60；

解得：低档机器人＝5（个）；

所以高、中、低三档机器人每个分别能做零件20个、10个和5个。

庞统献连环计和连环战船九宫格

话说黄盖受责，令阚泽来向曹操纳降，甘宁被周瑜所辱，也愿为内应，虽有蔡和、蔡中的密报佐证，但曹操多疑，始终不敢确信甘宁、黄盖、阚泽他们是真心归降，便聚集众谋士商议，问道："谁敢直入周瑜寨中，探听实信？"

蒋干挺身而出道："在下前日空跑了一趟，未能成功，深感惭愧。今愿舍身再往，务得实信，回报丞相。"曹操大喜，即刻令蒋干上船。

蒋干驾舟来到江南水寨边，叫人传报。周瑜听说蒋干又到，喜不自胜，忙叫鲁肃去请庞统，依计行事。

这次周瑜对蒋干颇为冷落，先是斥责蒋干之前的盗书行为，然后叫人把他送到西山庵中歇息。蒋干忧闷不安，散步出庵后，忽然听到读书声，循声而去，见岩畔草屋内有人挑灯读书，一问，那人正是凤雏庞统。

蒋干趁机说降，居然成功，于是连夜把庞统带到曹操面前。

曹操久闻庞统大名，忙向庞统求教。

庞统道："庞某素闻丞相用兵有法，想先一睹军容。"

曹操就命人备马备船，陪着庞统看完旱寨又看水寨。

沿途，庞统不断称赞曹操排兵布阵，比得过孙子、吴起，小小周郎根本不是对手。

这些溢美之词曹操非常受用，回去后就摆酒款待庞统。

席间，庞统忽然问："丞相军中可有良医？"

曹操一愣，反问他要良医干什么。

庞统镇定地说："水军多疾，须用良医治之。"

曹操正为北方水军水土不服，已病死多人而担忧。庞统故意欲言又止，曹操再三询问，他才说："水军生病，是因为晕船。人为何晕船？是因为大江之中潮起潮落，船在水上颠簸所致。要是把船大小搭配，或三十为一排，或五十为一排，首尾用铁环连锁，上面再铺上宽木板，不仅人行平稳，马匹也可来回行走。任他风浪再大，又有什么可怕的呢？"

曹操连连道谢，赞道："不是先生良谋，怎能破东吴？"

　　庞统谦虚地说："这只是我的浅见拙识，还请丞相自己定夺。"

曹操当即传令，命军中铁匠连夜打造连环大钉，锁住船只。

为了表示诚意和连环战船计策的逼真，庞统特意献出几幅连环战船的编组方案图，并对曹操说："丞相请看，这些方案图中，圆圈代表战船小组，圈里是战船的数目，因为我连夜赶制，图并未画完，请丞相将 1 ~ 9 的数字填入圆圈中，使得每个小三角形编队上的三个数之和相等。其中 1 和 6 已经填好，不需要改动。"

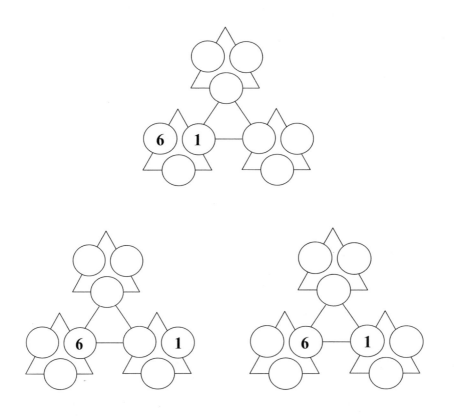

曹操很聪明，想到：既然要将 1～9 的数字填入圆圈中，三个小三角形编队组成的大三角大队的船只数都为 1 + 2 + 3 + 4 + 5 + 6 + 7 + 8 + 9 =（1 + 9）× 9÷2 = 45，又因为要使得小三角形编队上的三个数之和相等，那么小三角形编队上的三个数之和是 45÷3 = 15。

　　按照这个规则，曹操很快就把这些方案图补充完整，同时对庞统献的计策更加确信无疑。

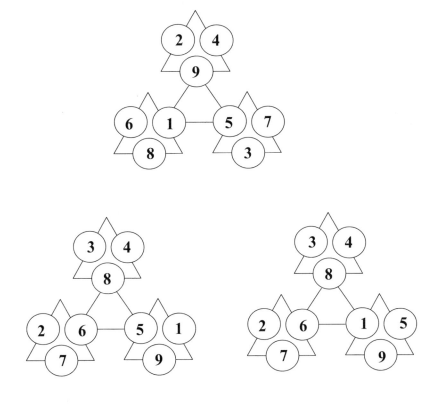

借东风和七星坛的三角形个数

　　话说东吴老将黄盖献苦肉计诈降曹操，庞统又献连环计，诱使曹操将战船连锁一片，为火攻曹军埋好了伏笔。只是曹军驻军江北，而孙刘联军驻军江南，时值隆冬季节，江上只有西北风。当周瑜突然想到风向问题很可能令大战功亏一篑，不禁口吐鲜血。诸葛亮听说周瑜口吐鲜血，大病不起，特来探望，还说："公瑾之病，亮亦能医。"

　　周瑜叫人扶他坐起身子，诸葛亮问道："几日不见都督，怎么就贵体欠安了呢？"

　　周瑜叹道："人有旦夕祸福，岂能自保？"

　　诸葛亮摇着羽扇笑道："天有不测风云，人又岂能预料？"

　　诸葛亮此话正戳中了周瑜的心事，他大惊失色，不禁呻吟。

诸葛亮又说道："都督的病须先理气，气若顺，则呼吸之间就可痊愈。"

　　周瑜料到孔明必知其意，便问道："要想顺气，当服何药？"

　　诸葛亮笑道："亮有一方，定能让都督气顺。"

　　周瑜拱手道："请先生赐教。"

　　诸葛亮借过纸笔，屏退左右，密书十六字："欲破曹公，宜用火攻；万事俱备，只欠东风。"

　　周瑜笑道："先生知道了我的病根，该用什么药来医治呢？"

诸葛亮故意压低声调，神秘兮兮地说道："亮曾遇异人传授奇门遁甲天书，内有呼风唤雨之术。都督若要东南风，可于南屏山筑起七星坛，坛高九尺，共三层，需用一百二十人，手执旗幡围绕。亮再于坛上作法，就可借来三天三夜的东南大风，助都督用兵，你看怎样？"

周瑜问道："那一百二十人如何分配？"

诸葛亮道："下面一层二十八人，守二十八宿之位，即：东方七面青旗，按角、亢、氐、房、心、尾、箕，布苍龙之形；北方七面皂旗，按斗、牛、女、虚、危、室、壁，作玄武之势；西方七面白旗，按奎、娄、胃、昴、毕、觜、参，踞白虎之威；南方七面红旗，按井、鬼、柳、星、张、翼、轸，成朱雀之状。中间一层六十四人，手执黄旗，按六十四卦，分八个方位而立。最上一层四人，前左、前右、后左、后右各立一人。"

周瑜算得很清楚，插口问道："这样总共是 28 + 64 + 4 = 96（人），先生却要 120 人，还有 24 人干什么用呢？"

诸葛亮笑道："都督心急，我还没有说完。这七星坛方圆二十四丈，因此坛下还要有二十四人，间隔一丈，各持旌旗、宝盖、大戟、长戈、黄钺（yuè）、白旄、朱幡、皂纛（dào），环绕四面。”

周瑜听了频频点头。诸葛亮又道："最重要的，在坛顶香炉旁，还要用祭香摆出一个复杂的七星图案。"

说着，诸葛亮在纸上画出了一个图案（如下图所示）：

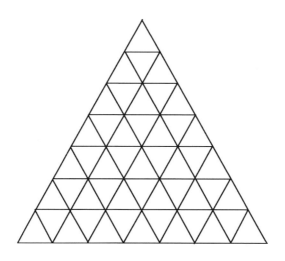

周瑜看后，惊叹道："七星图案上共有 1 + 3 + 5 + 7 + 9 + 11 + 13 =（1 + 13）×7÷2 = 49 个三角形！正是七七之数，难怪此坛叫七星坛啊！"

诸葛亮却说："都督数的只是图中最小的三角形，要说不论大小，所有的三角形可不止这个数！"

周瑜忙问："那么先生说是多少？"

诸葛亮抬起手腕，依次比画出三个数。

"118？怎么可能有这么多！"周瑜不信。

诸葛亮道："对于这种图形计数，要想数得全面、数得清晰，首先要找到一个分类标准，而且这种分类要从大类分到小类。比如这个七星图案，都督看它有什么特点呢？"

周瑜的眼力并不差，当即说道："它分了7层，其中三角形有正的有倒的。"

诸葛亮点头道："所以啊，根据三角形的大小不同、边长不同，我们可以这样分类。

"①正的三角形：

"边长为单位 1 的有 $1 + 2 + 3 + \cdots\cdots + 7 = 28$，

"边长为单位 2 的有 $1 + 2 + 3 + \cdots\cdots + 6 = 21$，

"边长为单位 3 的有 $1 + 2 + 3 + \cdots\cdots + 5 = 15$，

"边长为单位 4 的有 $1 + 2 + 3 + 4 = 10$，

"边长为单位 5 的有 $1 + 2 + 3 = 6$，

"边长为单位 6 的有 $1 + 2 = 3$，

"边长为单位 7 的有 1；

"②倒的三角形：

"边长为单位 1 的有 $1 + 2 + 3 + \cdots\cdots + 6 = 21$,

"边长为单位 2 的有 $1 + 2 + 3 + 4 = 10$,

"边长为单位 3 的有 $1 + 2 = 3$;

"所以一共有三角形:$28 + 21 + 15 + 10 + 6 + 3 + 1 + 21 + 10 + 3 = 118$(个)。"

看明白七星图案,周瑜又说道:"只是大战即在眼前,不可迟缓。"

诸葛亮道:"十一月二十日甲子祭风,至二十二日丙寅风息,如何?"

周瑜闻言大喜,矍(jué)然而起,便传令差五百精壮军士,往南屏山筑坛,又拨一百二十人,执旗守坛,听候命令。

到了十一月二十日,诸葛亮沐浴斋戒,身披道衣,上坛三次,下坛三次,却并不见有东南风。且说周瑜请程普、鲁肃一班军官,在帐中伺候,不见有风,周瑜开始怀疑诸葛亮说谎骗人。等到将近三更时分,忽听帐外猎猎风响,周瑜出帐查看,见旗脚都向西北飘动,证明刮的正是东南风。

周瑜骇然道:"此人有夺天地造化之法、鬼神不测之术！若留此人，乃东吴祸根也。及早杀了，免生他日之忧。"连忙下令，让丁奉、徐盛各带一百人，水旱并进，到七星坛拿住孔明就地斩首。可是两位将军到了七星坛一看，诸葛亮早跑了。他们又追到江边，却见诸葛亮身边有常山赵子龙护佑，一箭便射断徐盛船上篷索，赵云的船却拽起满帆，船去如飞，追之不及。

华容道和诸葛亮的兵力分配

话说周瑜得知孔明逃跑了，大惊道："此人如此多谋，使我晓夜不安矣！"

鲁肃在一旁提醒："等破曹之后，再图孔明不迟。"

周瑜听从了鲁肃的话，当即调兵遣将，先让甘宁带了蔡中，沿南岸走，冒充曹军渡江，直取乌林，举火为号。第二令太史慈领三千兵，直奔黄州，断合淝接应之兵，放火为号；看到红旗，便是吴侯接应兵到。这两队兵最远，所以先发。

周瑜继续派兵，第三命吕蒙领三千兵去乌林接应甘宁，焚烧曹操寨栅；第四令凌统领三千兵，直截彝陵界首，只看乌林火起，出兵接应；第五命董袭领三千兵，直取汉阳，从汉川杀奔曹操营寨，看白旗接应；第六令潘璋领三千兵，尽打白旗，往汉阳接应董袭。

周瑜再让黄盖写书信给曹操，说今夜就过江投降，拨战船四只，在黄盖船后接应；紧跟着调遣韩当、周泰、蒋钦、陈武四将各引三百只战船，随开路火船二十只冲杀；他自己与程普在大船上督战，徐盛、丁奉为左右护卫，只留鲁肃与阚泽及众谋士守寨。

与此同时，刘备在夏口等诸葛亮、赵云登岸。升帐后，诸葛亮也调兵遣将，派赵云带兵三千去乌林通荆州的路上埋伏；派张飞领兵三千往北彝陵路上埋伏，见烟起就杀出来；让糜竺、糜芳、刘封各驾船只，沿江搜捕败兵，夺取兵器；让刘琦守武昌，只管捉败兵；让刘备屯兵樊口，登高远望，坐看周郎火烧赤壁。

诸葛亮闲庭信步一般调度完毕，却对红着脸站在一旁的关羽睬也不睬。关羽心高气傲，忍耐不住，高声质问："关某随兄长征战，这些年来从不落后。今日逢大敌，军师却不委用，这是何意？"

诸葛亮没有直接回答关羽的提问，而是不冷不热地道："云长刚刚可曾留心我如何派兵遣将？"

关羽拱手道："关某不才，一直在认真聆听军师的调遣。"

诸葛亮微笑道："那么云长说说看，我原本让糜竺他们带兵 1000 人，后来考虑江岸较长，战利品较多，又给他们增加兵力，比原来增加了 40%，那么现在糜竺他们的兵力是多少？翼德勇猛善战，因此我给他带的兵力打了个八折，只派给他 3000 人，那么他比原来少带了多少兵？再说刘琦，只是镇守武昌捉败兵不用太多人，因此我把他总兵力的 35% 调走给了子龙，这时刘琦剩下的兵力比调走的还多 180 人，那么原来刘琦有多少兵力呢？"

诸葛亮连珠炮似的问了三个问题，关羽倒没白看那么多兵书，立即作答："现在糜竺他们的兵力是 $1000 \times (1 + 40\%) = 1400$（人）；翼德比原来少带的兵力是 $3000 \div 80\% - 3000 = 750$（人）；原来刘琦的兵力是 $180 \div [(1 - 35\%) - 35\%] = 600$（人）。"

诸葛亮点头道："好，我最后问你一个问题，子龙原来有多少兵力？"

关羽答道："子龙现在兵力是 3000 人，这里面包括刘琦调过去的兵力，那么刘琦调给子龙的兵力是多少呢？是 $600 \times 35\% = 210$（人），所以子龙原来兵力是 $3000 - 210 = 2790$（人）。诸葛军师，这回可以派我出战了吧？”

诸葛亮叹气道："不是我忽视云长你的才能，本来有个最重要的华容道要交给你，但当年曹操待你不薄，将军又是重情重义之人，多半会报恩。今天曹操兵败，我预料他肯定会从华容道逃走，你又很可能会放走他，所以不敢派你去。"

关羽挺起胸膛，昂声说道："军师多虑了！当日曹操的确重待关某，关某已斩颜良，诛文丑，解白马之围，报答过他了。今日撞见，岂肯放过！"

诸葛亮紧跟着问："倘若放了，该当如何？"

关羽横眉道："愿依军法！"

诸葛亮用的是激将法，见关羽自己如此说了，当即就让关羽立下军令状，才允他去华容道。

还真让诸葛亮说着了。当晚，曹操兵败赤壁，一路败退，最后身边只剩三百余人，无一人衣甲齐整，最后一关走的正是华容小道。然而关羽还是未能履行诺言，还是放走了曹操。

自测题

果珍陪妈妈去商场购物，原本的预算是花 2000 元钱，但最后多花了 40%，那么最终她们花了多少钱？果珍看中一条泡泡裙，打四折后，花了 90 元，比原来便宜了多少钱？这次购物花的钱是妈妈钱包里总钱数的 70%，钱包里剩下的钱比花掉的少 1600 元，原来钱包里有多少钱？

数学桌面小游戏

找你的小伙伴一起来做这个游戏吧！

游戏准备：

制作华容道棋盘和棋子，用硬卡纸制作，可以画上相关的人物肖像。

如下图所示的 20 个方格即为棋盘，其中 2、3、6、7 所处的阴影区域为出口。

17	18	19	20
13	14	15	16
9	10	11	12
5	6	7	8
1	2	3	4

棋子：关羽占 2 个横格，曹操占 4 个方格，其他五虎上将占 2 个竖格，小兵占 1 个方格，初始摆放棋子如下页图所示：

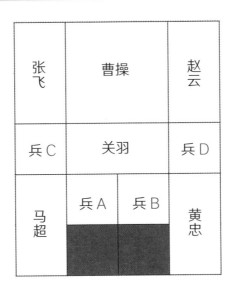

游戏人数:

一人、两人或多人。

游戏规则:

看看谁能在最短的步数内让曹操走出华容道。

那么你知道华容道游戏要如何放走曹操吗?

参考答案:

曹操走出华容道的方法步骤如下。其中A、B、C、D代表4个小兵,曹代表曹操,关代表关羽,黄代表黄忠,张代表张飞,赵代表赵云,马代表马超,数字代表该方向所走的格数,无数字默认为走1格,左下表示先往左1格、再往下1格。

A、B下,关下,D左一,黄上,C右,马上,B右,

A左，关下，C下右，马右，A上一，关左，B左，黄下，D右，C上，B上，关右，A下，马左，B、C左，D左，黄上，关右，B下，C下右，马右，A上二，B左上，关左二，C下右，D下二，黄左，赵下二，曹右，张右，A、B上二，马左，张下，曹左，赵上二，黄右，D上二，C左上，关右二，张下，马下，D左二，曹下，A右二，B上右，D上二，马上二，张左，C左下，曹下，A下左，赵左，黄上二，曹右，A下二，B下一，D右一，马上，张上，C左，A下，曹左，黄下二，赵右，BD右，马右，张上二，曹左，BD下二，赵左，黄上二，B右上，关上，A、C右二，曹下，D、B左二，关上，C上右，曹右。

　　曹操至此逃出华容道，游戏结束。

　　想一想，你还有没有其他的走法？

自测题答案

$$2000 \times (1 + 40\%) = 2800（元）；$$

$$90 \div 40\% - 90 = 135（元）；$$

$$1600 \div [70\% - (1 - 70\%)] = 4000（元）；$$

即她们最终花了 2800 元钱，泡泡裙比原来便宜了 135 元钱，原来钱包里有 4000 元钱。

黄忠的箭囊有箭几支

话说赤壁大战之后，刘备打算夺取荆南四郡，赵云取下桂阳，张飞取下武陵，镇守荆州的关羽也不甘示弱，写书信给刘备，请战去取长沙。

刘备很高兴，便叫张飞去荆州替回了关羽。

见到关羽，诸葛亮叮嘱道："子龙取桂阳，翼德取武陵，都是带了三千士兵。长沙太守韩玄虽然微不足道，但他手下有一员大将，姓黄，名忠，字汉升，年近六旬却有万夫不当之勇，不可轻敌。云长要去必须多带兵马。"

关羽傲然道："量一老卒，何足道哉！关某不须用三千军，只用本部的五百名校刀手，便可斩杀黄忠、韩玄。"

刘备苦劝，可关羽不听，还是领着五百校刀手出战。

韩玄听说关羽军到，便与老将黄忠商议。黄忠道：

"主公不必忧虑。就凭我这口刀、这张弓，一千个来，一千个死！"原来黄忠能开二石力之弓，百发百中，因此有恃无恐。

果然，第一战，黄忠与关羽斗了一百余回合，不分胜负。最后还是韩玄担心黄忠年岁大了怕他久战有失，于是鸣金收兵。

关羽也退军，离城十里下寨，心中暗忖：老将黄忠，名不虚传，斗一百回合，全无破绽，来日要用拖刀计赢他。

第二天吃过早饭，关羽来到城下约战。黄忠引数百骑杀过吊桥，再战关羽，两人又斗了五六十回合，胜负不分，鼓声正急时，关羽拨马便走。黄忠赶来，关羽刚要用刀回砍，忽听得脑后一声响，回头看时，见黄忠战马马失前蹄，黄忠也被掀翻在地。关羽急回马，双手举刀猛喝："我且饶你性命！快换马来厮杀！"黄忠飞身上马，跑回城中。

韩玄问明缘由，提醒道："将军箭术百发百中，何不射之？"

黄忠只好说："来日再战，我先诈败，把关羽诱到吊桥边射之。"

次日，黄忠与关羽战不到三十余回合，便诈败而走。关羽赶来，黄忠念及昨日不杀之恩，不忍便射，只把弓弦拽响，关羽急闪，却不见箭。如此两次，关羽以为黄忠不会射，放心赶来，将近吊桥，黄忠在桥上搭箭开弓，弦响箭到，正射在关羽盔缨根上。关羽吃了一

惊，带箭回寨，方知黄忠有百步穿杨之能，今日只射盔缨，正是报昨日不杀之恩。

韩玄却在城头上看得分明，以为黄忠外通内连，等黄忠回城，便叫人绑了，刚要将他问斩，却被魏延救下。魏延恨韩玄残暴不仁，轻贤慢士，一路杀上城头，竟然斩杀了韩玄，再引百姓出城，投拜关羽。

关羽大喜，入城安抚官民后，请黄忠相见，黄忠却托病不出。关羽只好派人去请刘备、诸葛亮。

刘备随后赶到，亲往黄忠家请将。黄忠一指墙上挂的箭囊，说道："黄某箭囊里有若干支箭，倘若我每次拿出其中的一半再放回一支箭，这样反复取放 5 次，囊中还有 3 支箭。皇叔若说得出囊中原有多少支箭，黄某便诚心归降皇叔。"

刘备想，既然知道第 5 次取放后，囊中还有 3 支箭，因此要想知道原来有多少支箭，就需要从后往前倒推。"拿出其中的一半再放回一支箭"相当于"原有的箭 ÷ 2 + 1"，倒推则反着来，变成"（剩余的箭 − 1）× 2"，比如经过 4 次取放后，囊中有（3 − 1）× 2 = 4（支）箭。就这样不断把求出的箭支数代入公式，从最后往前推，直到初始之时。刘备命随从取出纸笔，画了张表格：

轮次	箭囊的箭支数
初始	（18 － 1）×2 = 34
第 1 次取放后	（10 － 1）×2 = 18
第 2 次取放后	（6 － 1）×2 = 10
第 3 次取放后	（4 － 1）×2 = 6
第 4 次取放后	（3 － 1）×2 = 4
第 5 次取放后	3

表格画完，每轮取放的情况就清晰了，题目也迎刃而解。刘备说道："黄将军的箭囊中原有 34 支箭，对吗？"

黄忠心悦诚服，再无二话，忠心归降刘备。

自测题

果脯很爱吃零食，他刚买了一袋开心果，吃的方法很特别，每次倒出袋子中的 1/3 再放回 2 枚，3 次后，袋子中还有 22 枚开心果。你知道袋子中原有多少枚开心果吗？

　　既然知道第 3 次取放后，袋子中还有 22 枚开心果，因此要想知道原来有多少枚开心果，就需要从后往前倒推，"倒出袋子中的 $\frac{1}{3}$ 再放回 2 枚"相当于"原有的开心果 × $\frac{2}{3}$ ＋ 2"，倒推则反着来，变成"(剩余的开心果 － 2) ÷ $\frac{2}{3}$"，比如经过 2 次取放后，袋子中有：$(22 - 2) ÷ \frac{2}{3} = 30$（枚）开心果。就这样不断把求出的开心果枚数代入公式，从最后往前推，直到初始之时。这种题目可以画一张表格，让思路更加清晰：

轮次	袋子中的开心果数
初始	$(42 - 2) ÷ \frac{2}{3} = 60$
第 1 次取放后	$(30 - 2) ÷ \frac{2}{3} = 42$
第 2 次取放后	$(22 - 2) ÷ \frac{2}{3} = 30$
第 3 次取放后	22

　　所以袋子中原有 60 枚开心果。

　　如果你不放心，还可以正向验算一下：

$60 × \frac{2}{3} + 2 = 42$；$42 × \frac{2}{3} + 2 = 30$；$30 × \frac{2}{3} + 2 = 22$，三次取放后，袋子中还有 22 枚开心果，符合题意。

石

在故事中提到黄忠能开二石力之弓，那么"二石力"是什么意思呢？

原来"石"是古代计量单位，不但是计算容量、重量的单位，还是计算弓弩强度的单位。汉代的弓弩强度按石来计算，从一石至十石，其中十石弩最强，又被称为黄肩弩、大黄力弩。只有力气很大的人才能使用。

根据《中国古代度量衡图集》所记，汉代的一两相当于现在的 15.6 克，一斤是 16 两，即 249.6 克，一石是 120 斤，即 29952 克，约合 29.95 千克，因此"二石"相当于现在的 60 千克。

老将严颜的兵力

　　话说黄忠、魏延归降刘备后，诸葛亮过江吊唁周瑜，又引庞统来投刘备。之后益州牧刘璋请刘备入川敌汉中张鲁。诸葛亮命张飞率军从大路入川，先取巴郡，自己和赵云带兵马从水路入川，在雒（luò）城会合，约定好了谁先到谁为头功，并告诫张飞：川中豪杰甚多，不可轻敌，要收服人心，严明军纪，不要动不动就鞭打士卒。因为那些被张飞鞭打过的士卒难免怀恨在心，兵将不和，军队就要出问题了。

　　张飞遵照军师指令进军，沿途守将望风而降。到达巴郡时，别看太守严颜岁数大了，但忠心耿耿，他闭关坚守，拒不投降。

　　张飞不知道严颜到底什么路数，因为想着诸葛亮的嘱托，不敢轻敌，于是先派探马去查看敌营军情，很快传回了消息：严颜手下55岁以上的高龄兵数比55岁以下的兵数的 4 倍还多 2 人，50 岁以上的老龄兵数比 55 岁以上的高龄兵数多 22 人，又恰恰是 50 岁以下壮年兵数的 6 倍。

张飞想：根据探马的消息，可以假设严颜手下 55 岁以上的高龄兵数为 x 人，

则 55 岁以下的兵数是（x － 2）÷4，

55 岁以上和 55 岁以下构成全部兵数：x +（x － 2）÷4，

50 岁以上的老龄兵数是（x + 22）；

50 岁以下壮年兵数就是全部兵数减去 50 岁以上的兵数，即：

$$x +（x － 2）÷ 4 －（x + 22）= \frac{x－90}{4};$$

再根据 50 岁以上恰恰是 50 岁以下兵数的 6 倍，得到：

$$6 × \frac{x－90}{4} = x + 22,$$

解得：x = 314（人），

所以严颜手下 55 岁以下的兵数是（314 － 2）÷ 4 = 78（人），

则总兵数为 314 + 78 = 392（人）。

所以严颜手下一共有 392 名士兵。

张飞心中有数了，就这点以高龄兵为主力的兵力对张飞来说根本不在话下，只是苦于屡次到城下挑战，却均被乱箭射回。

张飞急中生智，想出一计，令军士四散上山砍柴草，寻觅路径。严颜在城中几日不见张飞动静，心生疑惑，得知此情后，也派数名小卒扮作砍柴军士，混入其中，好查明白张飞想要干什么。

张飞早就把这几名奸细看在眼中，他没有揭穿他们的身份，而是故意当众宣布：当夜二更造饭，三更拔寨潜行，要从一条小路偷过巴郡，去取雒城。张飞暗中却安排一名军士假扮自己在前开路。

严颜闻报大喜，他想截击张飞的粮草辎重，于是当晚也二更造饭，三更出城，引兵伏于路旁树丛之中。当假张飞过去后，严颜率领伏兵杀出，正要抢夺车仗时，不料背后一声锣响，冲出了真张飞。严颜惊呆，手足无措，被张飞生擒。

张飞夺了巴郡，出榜安民。这时候在太守府里，众刀手将五花大绑的老将严颜推出来，严颜不肯下跪。张飞怒喝："你这老匹夫，怎敢顽抗？"

严颜毫无惧色，对张飞破口大骂。张飞大怒，喝令左右把严颜拉出去斩首。严颜依旧面不改色，叫道："要杀便杀，要砍便砍！西川只有断头将军，没有屈膝之辈！"

张飞见严颜慷慨忠义，视死如归，十分敬重他，当即亲自把严颜身上的捆绑绳索解开，扶起严颜在正中高坐，低头便拜。

严颜感其恩义，这才投降。张飞便命严颜为前部，顺利到达雒城。

自测题

果冻班上刚刚进行完期中考试，其中 80 分以上的人数比 80 分以下的人数的 3 倍还多 6 人，及格的人数比 80 分以上的人多 2 人，如果及格的人数加上 4 人，又恰恰是不及格人数的 6 倍。请问果冻班上总人数是多少？

设 80 分以上的人数为 x 人，

则 80 分以下的人数是 $(x - 6) \div 3$，

80 分以上和 80 分以下构成全班人数：

$x + (x - 6) \div 3$，

及格的人数是 $(x + 2)$，

不及格的人数就是全班人数减去及格人数，

即 $x + (x - 6) \div 3 - (x + 2) = \dfrac{x - 12}{3}$，

再根据及格的人数加上 4 人，又恰恰是不及格人数的 6 倍，得到：

$6 \times \dfrac{x - 12}{3} = (x + 2) + 4$，

$2x - 24 = x + 6$，

解得：$x = 30$（人）。

所以 80 分以下的人数是 $(30 - 6) \div 3 = 8$（人），

则班级总人数为 $30 + 8 = 38$（人）。

葭萌关夜战和火把数目

话说马超是西凉马腾之子，少年成名，后来马超为了给父亲报仇，联合叔父韩遂一起讨伐曹操，却中了曹操的离间计，兵败后投奔张鲁。因寸功未立，见刘璋派黄权来求救兵，还许以二十州相酬，马超便主动请兵攻取葭萌关，势要生擒刘备。张鲁大喜，便给马超两万兵马，令杨柏监军，马超与弟弟马岱择日起程。

刘备这边听说后大惊失色。诸葛亮说道："须是张飞、赵云二将，方可与马超匹敌。"赵云在外未回，张飞倒是在身边，诸葛亮便使出激将法，激得张飞立下军令状。于是魏延带五百哨马先行，张飞第二，刘备殿后，往葭萌关进发。

魏延先到，跟马岱交战中被射中左臂，张飞要追马岱，被刘备拦下，说且歇一晚，来日再战马超。

次日天明，关下鼓声大震，马超兵到。刘备在关上望去，只见马超纵马持枪而出，狮盔兽带，银甲白袍，超凡出众。刘备叹道："人言锦马超，果然名不虚传！"

马超是来单挑张飞的，张飞也恨不得生吞了马超，只是三番五次都被刘备拦住。原来刘备谨慎，想要避敌

锐气，直等到午后，看马超阵上人困马乏，才派张飞出战。

两人长枪对蛇矛，大战百余回合，不分胜负。

刘备恐张飞有失，鸣金收兵，双方各回阵营，休息片刻，又战了百余回合，还越打越精神，刘备又让鸣金收兵。

这时天色已晚，刘备就对张飞说："马超英勇，不可轻敌，且退上关，来日再战。"张飞杀得性起，哪里肯罢休？大叫道："誓死不回！"

刘备手指天空道："今日天晚，不可战矣。"

张飞却有主意："派人多点火把，安排夜战！"

刘备担心张飞只逞骁勇，忘了运用谋略，便说："三弟既然要夜战，我来问你，倘若令士卒手持火把，围着你与马超摆出一个双层空心方阵，要求站位纵横有序，一一对齐，假若外围每边有十名士卒，每人各持两支火把，那么总共需要多少支火把？三弟若答得出来，便依你安排夜战。"

张飞沉心静气，认真思索，片刻之后，想出了答案，只见他用丈八蛇矛在地上戳出了点阵图（如下页图所示），说道："大哥请看，既然是双层空心方阵，先看外层，每边 10 人，四边就是 $10 \times 4 = 40$（人），然而四个角上的 4 个人，因为是两条边共用的点，所以都各自多算了一次，因此实际上外层共 $40 - 4 = 36$（人）。再看内层，因为士卒站位纵横有序，一一对齐，所以内层相较外层，每边各少 2 人，所以每边是 $10 - 2 = 8$（人），再依照外层的算法，那么内层共 $8 \times 4 - 4 = 28$（人），则内外双层总共 $36 + 28 = 64$（人），每人 2 支火把，那么总共需要火把 $64 \times 2 = 128$（支）。大哥，我算得对吗？"

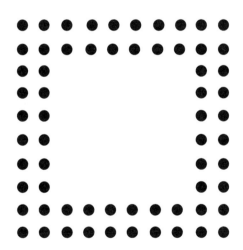

刘备赞道："三弟肯动脑筋，我就放心了。"

夜战火把安排完毕，张飞、马超也各换战马再战。

这一次才战了二十余回合，马超拨马便走。原来马超见赢不了张飞，心生一计：诈败佯输，骗张飞赶来，暗擎铜锤在手，扭回身便朝张飞打来。张飞见马超败走，心中早有提防，等铜锤打来，张飞一闪，铜锤从他耳边飞过。张飞勒马回走，马超却又赶来，张飞带住马，拈弓搭箭，回射马超，马超居然也能闪过。

二将胜负未分，各自回阵。刘备又在阵前陈说自己以仁义待人，不施谲诈，请马超收兵歇息，保证绝不乘势追击。马超便亲自断后，诸军渐退。

第二天，诸葛亮到了，原来他担心马超与张飞死战，必有一伤，因此赶来设下一条妙计，用金银行贿张鲁的谋臣杨松，不断在后方制造马超谋反的谣言。马超进退不得，想到刘备的仁义宽厚，便归降了刘备。至此刘备这边凑齐了关羽、张飞、赵云、黄忠、马超五虎上将。

自测题

果冻在围棋棋盘上摆了一个三层空心方阵，最外层每边是 8 枚棋子，那么一共用了多少枚棋子？

$8 \times 4 - 4 + 6 \times 4 - 4 + 4 \times 4 - 4 = (8 - 1 + 6 - 1 + 4 - 1) \times 4 = 15 \times 4 = 60$（枚）；

一共用了 60 枚棋子。

刮骨疗毒和棋盘正方形个数

　　话说诸葛亮用计招降马超后，兵临成都，刘璋不得已出降，刘备成功入主益州。孙权得知刘备取下西川，便来索取荆州，关羽并不答应。刘备则一路攻取汉中，黄忠于定军山斩杀曹军名将夏侯渊，刘备进位汉中王。曹操大怒，便约孙权夹击荆州。关羽水淹七军，擒于禁、斩庞德，威名大震。曹军所在的樊城周围又赶上发大水，城垣渐渐被大水浸塌，老百姓每日担土搬砖，却依旧填塞不住。眼瞅城池将垮，曹军众将无不丧胆，慌忙来央告曹仁，希望曹仁下令弃城而逃。

　　曹仁的诸将中只有满宠不同意，力谏道："曹将军不可弃城。不就是发大水吗？用不了十几天大水自己就退了。关羽之所以不敢轻进，是担心我军袭他后路。如果咱们弃城而去，黄河以南，再不是我们的土地了。"

一句话点醒了曹仁，曹仁惭愧道："要不是伯宁，我几乎误了大事啊！"

曹仁当即骑了白马上城，聚齐众将发誓道："我受魏王之命，守护此城，再有人说弃城的话直接问斩！"

诸将吓得一哆嗦，只好"豪言壮语"地说几句场面话："我等愿以死据守！"

于是曹仁在城上设了数百把弓弩，让军士昼夜防护，不得懈怠。其他老幼居民，继续担土石加固城防。果然十天左右，水势渐退。

再说关羽分兵一半，直抵郏（jiá）下，自己带着其余人马四面攻打樊城。这天关羽独自来到樊城北门外，立马扬鞭，指着城上的曹兵说："汝等鼠辈，不早早归降，更待何时？"

正说着，曹仁在敌楼上见关羽身上只披了一件掩心甲，斜袒着绿袍，急招五百弓弩手，一齐放箭。

关羽这才醒觉，急勒马往回跑，虽然赤兔马奋蹄而奔，但终究还是慢了一步，关羽右臂上中了一弩箭，翻身落马。

曹仁见关羽落马，当即引兵冲出城来，却被关平急冲一阵又杀回去了。关平不敢恋战，救下关羽归寨，等拔出箭来看，发现箭头有毒，毒已入骨，关羽的右臂又青又肿，不能动弹。

这毒很厉害，军医都束手无策。也该着关羽命大，恰好神医华佗路过此处，听说了关羽的伤势，主动登门问诊。

这时候关羽正跟马良弈棋，见华佗到了，很高兴。关羽真是沉得住气，不忙叫华佗解毒，先赐座敬茶，等华佗喝过了茶，才解下衣袍，伸臂给华佗看诊。

华佗看得分明，说道："此乃弩箭所伤，其中有乌头之药，直透入骨，若不早治，将军这条手臂就废了。"

关羽问："那该如何医治呢？"

华佗道："我自有治法，但恐将军害怕。"

关羽笑道："关某一向视死如归，有什么好怕的？你但说无妨。"

华佗据实说道："我身上没带麻醉药，现要配制，也来不及了。只好找个僻静的地方立一根柱子，上钉大环，请将军将手臂穿于环中，以绳系之，再把头蒙上。我用尖刀割开皮肉，直至于骨，刮去骨上箭毒，用药敷上，最后用线缝合伤口，方可无事。就是那刮骨的疼痛，不是常人能够承受的。"

关羽笑道："原来如此！不必那么麻烦，关某继续下棋，先生您只管下刀就是了！"

关羽一面仍与马良下棋，一面伸臂令华佗动刀。

华佗拿好刀，让一小兵捧一大木盆在关羽的手臂下接血。

华佗还是不放心，说道："我可就要下手了，将军勿惊。"

关羽坦然道："任凭先生医治，关某绝非怕疼之辈！"

华佗这才敢下刀，刀锋割开皮肉，直至于骨，骨上已被毒染青了，华佗用刀刮骨，窸窣有声。

帐上帐下的将领侍从听闻，无不掩面失色。

关羽自己跟没事人一样，谈笑弈棋，脸上全无痛苦之色，还故意来考马良，让马良说出这副棋盘上不论大小，到底有多少个正方形。

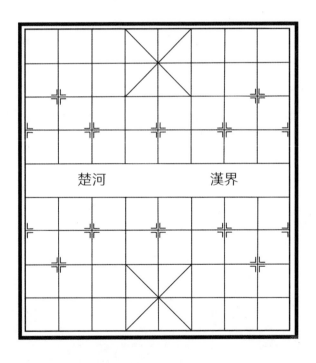

马良也知道通过分神可以帮助关羽减缓疼痛，于是大声道："将军，咱们先来分析分析：楚河汉界将棋盘隔成了两半，每半都是一样多的正方形，所以先算出半

张棋盘即可。然后，仔细看半张棋盘，大大小小的正方形其实共有四类：

"1×1 大小的正方形共有 $4 \times 8 = 32$（个）；

"2×2 大小的正方形共有 $3 \times 7 = 21$（个）；

"3×3 大小的正方形共有 $2 \times 6 = 12$（个）；

"4×4 大小的正方形共有 $1 \times 5 = 5$（个）；

"半张棋盘上共有正方形数是 $32 + 21 + 12 + 5 = 70$（个）；

"所以棋盘上正方形的总数是 $70 \times 2 = 140$（个）。"

等马良说完，关羽手臂上滴落的黑血已经流了一整盆。

直到此刻，华佗才刮尽了毒，再敷上药，把伤口缝合。

关羽竟然大笑而起，对众将说："此臂现在伸缩自如，一点都不疼。先生不愧是神医也！"

华佗慨叹道："我为医一生，未尝见过您这样的胆色。将军真乃天神也！"

五虎上将的大数据

话说刘备手下有勇冠三军的五虎上将，分别是关羽、张飞、赵云、马超、黄忠，简称"关张赵马黄"。

五虎上将在蜀国建立的过程中立下赫赫战功。

关羽，过五关斩六将，刮骨疗毒也面无惧色，对刘备更是赤胆忠心，曹操几次三番想收买他，都未能成功。

张飞，当阳桥头一声吼，震退曹军十万兵，是唯一和吕布单独对战能达到一百回合的武将，击败过张郃、许褚等猛将，还曾用计智收严颜。

赵云，长坂坡七进七出力保阿斗，年少时就连战河北名将颜良、文丑，不落下风，和曹操阵营中的名将都有对阵，杀得张郃、徐晃不敢与其交战，一生征战从无败绩，是名副其实的常胜将军。

马超，少年成名，将曹操杀得割须弃袍，战胜曹营

名将曹洪，与曹营猛将许褚力战不落下风，和张飞连续
对战数百回合，人称"锦马超"。

　黄忠，拥有百步穿杨的射术，年迈时依然能和关羽
对战一百余回合不落下风。汉中之战，年近七十的黄忠

于定军山力斩曹营名将夏侯渊。

假设五虎上将站成一排，你们能够根据下面的条件，判断出使用龙骑枪的是谁吗？然后说出他们各自站什么位置、脸的颜色、老家哪里、用什么武器、追封了什么侯吗？注意他们的名字、站位、老家、脸色、武器、封号各不相同。

条件：

1. 解良人的脸是红色的。

2. 常山人使一根亮银枪。

3. 涿郡人被追封为桓侯。

4. 青脸武将在白脸武将的左边。

5. 青脸武将被追封为威侯。

6. 名叫关羽的武将使青龙偃月刀。

7. 黄脸武将名叫黄忠。

8. 位于最中间的武将被追封为壮缪侯。

9. 南阳人站在从左往右数第一个位置。

10. 名叫张飞的武将站在使宝雕弓武将的隔壁。

11. 使丈八蛇矛的武将在名叫黄忠的武将的隔壁。

12. 名叫赵云的武将被追封为顺平侯。

13. 茂陵人名叫马超。

14. 南阳人站在黑脸武将的隔壁。

15. 被追封为刚侯的武将站在名叫张飞的武将的隔壁。

这道逻辑题可以通过做表格的方式，根据已知条件，不断推理，扩充表格内容，最后就可以得到五虎上将的所有信息。

第1步，首先从最确定的条件入手，根据条件9确定南阳人站在从左往右数第一个位置。

1	2	3	4	5
南阳				

第 2 步，根据条件 1、4、14，可以确定南阳人的脸色是黄色，因为他不可能是红脸（红脸是解良人）；他已经位于左手第一个，左边不能有其他武将，他就不可能是白脸（青脸武将在白脸武将的左边）；他也不可能是青脸，因为同理，青脸武将的右边就是白脸武将，而条件 14 说南阳人站在黑脸武将的隔壁，南阳人左边没人，隔壁就是指右边；他当然也不可能是黑脸（黑脸武将在他的隔壁）；排除红、白、青、黑，剩下的只有黄了。

1	2	3	4	5
南阳				
黄脸				

第 3 步，根据条件 7，可以确定南阳人名叫黄忠。根据条件 14，确定第二个位置的武将是黑脸。

	1	2	3	4	5
	南阳				
	黄脸	黑脸			
	黄忠				

第4步，根据条件8，确定第三个位置（中间）的武将被追封为壮缪侯。再看条件5和4，若能满足这些条件，那么青脸武将只能是第四个，白脸武将是第五个，这样一排除，就能确定红脸武将只能在第三个位置（中间）。

	1	2	3	4	5
	南阳				
	黄脸	黑脸	红脸	青脸	白脸
	黄忠				
			壮缪侯		

到此，所有武将的脸色都已经排列出来了。

第5步，先根据条件1进行补填，再根据条件5、7、8，来看条件12：名叫赵云的武将被追封为顺平侯，说明"顺平侯赵云"只可能是黑脸（第二个位置）或是白脸（第五个位置）。

1	2	3	4	5
南阳		解良		
黄脸	黑脸	红脸	青脸	白脸
黄忠	赵云?			赵云?
	顺平侯?	壮缪侯	威侯	顺平侯?

第6步，因为无法确定是以上两种情况中的哪一种，我们开始用假设法，先假定"顺平侯赵云"在第二个位置。

1	2	3	4	5
南阳		解良		
黄脸	黑脸	红脸	青脸	白脸
黄忠	赵云?			
	顺平侯?	壮缪侯	威侯	

现在我们来寻找跟名字和封号有关的条件，来看条件15：被追封为刚侯的武将站在名叫张飞的武将的隔壁，目前封号空着的只有1和5两个位置，而1的隔壁

196

是赵云，所以满足条件 15，刚侯只能是 5 的位置。

1	2	3	4	5
南阳		解良		
黄脸	黑脸	红脸	青脸	白脸
黄忠	赵云?			
	顺平侯?	壮缪侯	威侯	刚侯

现在空着的 1 的封号就该是桓侯，而看条件 3：涿郡人被追封为桓侯，两者矛盾，1 的位置已经确定是南阳人了，到此可以判断"假定'顺平侯赵云'在第二个位置"是错误的。

第 7 步，我们再来假定"顺平侯赵云"在第五个位置。

1	2	3	4	5
南阳		解良		
黄脸	黑脸	红脸	青脸	白脸
黄忠				赵云?
		壮缪侯	威侯	顺平侯?

因为 1 是南阳，3、4、5 分别是壮缪侯、威侯、顺平侯，那么根据条件 3 涿郡人被追封为桓侯，那么涿

郡、桓侯都只能在 2 的位置。

1	2	3	4	5
南阳	涿郡	解良		
黄脸	黑脸	红脸	青脸	白脸
黄忠				赵云?
	桓侯	壮缪侯	威侯	顺平侯?

第 8 步，剩下的刚侯只能是 1，根据条件 15，张飞在 2 的位置。

1	2	3	4	5
南阳	涿郡	解良		
黄脸	黑脸	红脸	青脸	白脸
黄忠	张飞			赵云?
刚侯	桓侯	壮缪侯	威侯	顺平侯?

到此，所有武将的封号都已经排列出来了。

第 9 步，现在可以确定 3 是解良，1、2、5 都有武将名字，那么根据条件 13 茂陵人名叫马超，茂陵人马超只能在 4 的位置。武将名字中只剩下关羽，关羽就肯定在 3 的位置了。武将的老家中只剩下常山，所以常山在5的位置。

1	2	3	4	5
南阳	涿郡	解良	茂陵	常山
黄脸	黑脸	红脸	青脸	白脸
黄忠	张飞	关羽	马超	赵云?
刚侯	桓侯	壮缪侯	威侯	顺平侯?

到此，所有武将的名字和老家都已经排列出来了。

第10步，现在只剩下兵器那一行了，再从所有条件中找到跟兵器有关的进行推理并填充，得到：

1	2	3	4	5
南阳	涿郡	解良	茂陵	常山
黄脸	黑脸	红脸	青脸	白脸
黄忠	张飞	关羽	马超	赵云?
刚侯	桓侯	壮缪侯	威侯	顺平侯?
宝雕弓	丈八蛇矛	青龙偃月刀		亮银枪

到此，没有任何矛盾，所以可以确定"顺平侯赵云"就在第五个位置，现在唯一空着的是4的兵器，但是题目的问题中问了"使用龙骑枪的是谁"，所以依据排除法，这里就可以填入龙骑枪，得到最终的表格：

1	2	3	4	5
南阳	涿郡	解良	茂陵	常山
黄脸	黑脸	红脸	青脸	白脸
黄忠	张飞	关羽	马超	赵云
刚侯	桓侯	壮缪侯	威侯	顺平侯
宝雕弓	丈八蛇矛	青龙偃月刀	龙骑枪	亮银枪

所以，使用龙骑枪的是马超，五虎上将的全部信息见上面的表格。

自测题

在三国乱世中，有这样四员武将，他们分别叫作黄忠、赵云、关羽、张飞，他们有的擅长使矛，有的擅长使弓，有的擅长使枪，有的擅长使刀，每人擅长一种武器。已知黄忠不使矛也不使枪；赵云不使矛也不使弓；假如赵云不使枪，张飞也就不使矛；关羽既不使弓也不使矛。请问这四员武将擅长的武器各是什么？

数学桌面小游戏

找你的小伙伴一起来做这个游戏吧!

游戏准备:

制作如下图所示的保险柜数码锁，里面的数字可以修改。

游戏人数:

一人、两人或多人。

游戏规则:

每一个按钮只能按一次，要把所有按钮都按遍，才能把保险箱打开，而且移动的次数和方向必须按照每一个按钮上标注出来的指示进行，其中 U、L、R、D 分别代表向上、向左、向右、向下，数字代表移动的步数，比如 1U 代表只向上移动一次，1L 代表只向左移动一次。那么，第一个按下去的按钮应该是哪个?

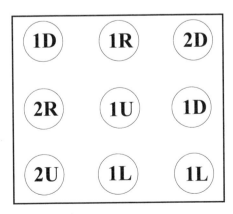

参考答案：

第一个按下去的按钮应该是最中间那个。

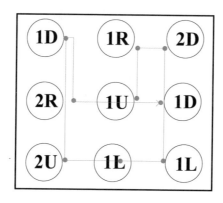

请你们想一想，为什么先按其他按钮不行，如果想先按任意一个按钮都可以开锁，需要更改哪个位置的数字？

自测题答案

这道推理题同样可以通过画表格辅助思考：

	矛	弓	刀	枪
黄忠				
赵云				
关羽				
张飞				

像这样，确认某位武将擅长使用某件武器，就画"√"，不擅长就画"×"。然后对照已知条件，填入表格就好。

①黄忠不使矛也不使枪，所以黄忠这行的矛和枪就可以画"×"了。

	矛	弓	刀	枪
黄忠	×			×
赵云				
关羽				
张飞				

②赵云不使矛也不使弓，所以赵云这行的矛和弓就可以画"×"了。

	矛	弓	刀	枪
黄忠	×			×
赵云	×	×		
关羽				
张飞				

③假如赵云不使枪，张飞也就不使矛。因为这是假设的条件，所以暂时还用不上，先不管它。

④关羽既不使弓也不使矛，所以关羽这行的矛和弓也可以画"×"了。

	矛	弓	刀	枪
黄忠	×			×
赵云	×	×		
关羽	×	×		
张飞				

现在，我们从表格中可以很清楚地发现，在矛这一列，黄忠、赵云、关羽都画的是"×"，也就是这三人都不使矛，所以使矛的就只能是张飞了。这时候，我们就可以在张飞和矛对应的空格内画"√"。

	矛	弓	刀	枪
黄忠	×			×
赵云	×	×		
关羽	×	×		
张飞	√			

接下来，我们就可以把张飞这一行的其他格子内画"×"，因为每人只擅长一种武器。

	矛	弓	刀	枪
黄忠	×			×
赵云	×	×		
关羽	×	×		
张飞	√	×	×	×

此刻，在弓这一列上，有三个"×"，唯独空出了黄忠对应的格子。这说明什么？说明擅长弓的只能是黄忠。我们在这个格子里画"√"。同样，黄忠这行的其他格子都可以画"×"。

	矛	弓	刀	枪
黄忠	×	√	×	×
赵云	×	×		
关羽	×	×		
张飞	√	×	×	×

到此为止，表格已经逐渐明朗，只是赵云和关羽各自擅长什么武器我们还有点含糊。回过头来，我们再看看那个还没用上的条件③：假如赵云不使枪，张飞也就不使矛。现在已经确认了张飞使矛，所以反推赵云必定使枪。在赵云和枪对应的格子里画"√"。

	矛	弓	刀	枪
黄忠	×	✓	×	×
赵云	×	×	×	✓
关羽	×	×		
张飞	✓	×	×	×

　　最后，我们看到弓、矛、枪都已经有了人选，那么剩下的刀肯定就是关羽擅长的啦！题目到此解答完毕。

	矛	弓	刀	枪
黄忠	×	✓	×	×
赵云	×	×	×	✓
关羽	×	×	✓	×
张飞	✓	×	×	×

七步诗和大小釜装豆几何

话说孙权派吕蒙、陆逊偷袭荆州，关羽大意失荆州，败走麦城，中伏被擒。孙权令人斩杀关羽，将首级献给曹操。曹操见了惊惧成疾，不治身亡。曹操死后，曹丕安居王位，改建安二十五年为延康元年，封贾诩为太尉，华歆为相国，王朗为御史大夫，大小官员，尽皆升赏。

因为临淄侯曹植、萧怀侯曹熊二人没来奔丧，曹丕遣二使往两处问罪。曹熊畏罪自缢，曹植被擒。

曹丕之母卞氏听到消息后大惊，赶紧来见曹丕，为曹植求情道："你这个弟弟平生嗜酒疏狂，都因他恃才而骄。你要念同胞之情，留他性命，我到九泉之下也能瞑目了。"

曹丕道："儿亦深爱其才，怎会害他？现在只是惩戒他，母亲勿忧。"

卞氏走后，华歆却说："子建怀才抱智，若不早除，必为后患。"

207

曹丕为难道："母命难违啊！"

华歆出了个主意："大家都说子建出口成章，臣可不信。主上可召他过来，以才试之。若无才，即杀之；若有才，则贬之。这样便能堵住天下文人之口。"

曹丕同意了。

不一会儿，曹植入见拜伏请罪。曹丕道："我和你虽有兄弟之情，但还要守君臣之义，你怎敢恃才蔑礼？父王在时，你常以文章夸示于人，我却怀疑那些文章都是他人代笔。我今天就限你七步之内吟诗一首。若能，免你一死；若不能，从重治罪，决不姑恕！"

曹植十分淡定，便请曹丕出题。正好殿上悬挂着一幅水墨画，画中两头牛在土墙下相斗，一牛坠井而亡。曹丕指画为题，还提出诗中不许有"二牛斗墙下，一牛坠井死"的字样。

曹植走了七步，作诗道："两肉齐道行，头上带四骨。相遇块山下，郯起相搪突。二敌不俱刚，一肉卧土窟。非是力不如，盛气不泄毕。"

曹丕和群臣皆惊。曹丕继续刁难道："七步成章，我觉得还是迟了些。你能应声而作诗一首吗？"

曹植坦然道："请兄长命题。"

曹丕道："我和你既然是兄弟，便以此为题。但不许提'兄弟'二字。"

曹植不假思索，应声成诗道："煮豆燃豆萁，豆在釜中泣。本是同根生，相煎何太急！"

曹丕闻之，潸然泪下，心中却想：做文章难不住弟弟，我就再出一道算术题好了！

"植弟，你刚刚的诗中提到了釜，正好，我的厨房里就有大、小两种釜。小釜一尊，大釜五尊，合起来能装三斛豆子；大釜一尊，小釜五尊，合起来能装两斛豆子。现在我来问你，每个大釜和每个小釜，各能容纳多少斛豆子？你要在七步之内算出答案！"

曹植含泪往前走了七步，在最后一步落下的同时说出了答案："兄长出的题目可以写成下面的两个等式：

"5 尊大釜 + 1 尊小釜 = 3 斛…………①

"1 尊大釜 + 5 尊小釜 = 2 斛…………②

"如果用①式乘以 5 的得数，减去②式，那么，小釜就可以消去了。

"① ×5 得：25 尊大釜 + 5 尊小釜 = 15 斛；

"再减②式，

"得：24 尊大釜 = 13 斛；

"所以，一尊大釜的容量就是 $\dfrac{13}{24}$（斛）；

"再把大釜 = $\dfrac{13}{24}$ 代入①式，

"解得：小釜 = $3 - (5 \times \dfrac{13}{24}) = \dfrac{7}{24}$（斛）；

"所以，大釜能容纳 $\dfrac{13}{24}$ 斛豆子，小釜能容纳 $\dfrac{7}{24}$ 斛豆子。

"另外一种方法，可以用推理的思路去考虑：小釜一尊，大釜五尊，合起来能装三斛豆子；大釜一尊，小釜五尊，合起来能装两斛豆子。两种情况的共同点是都有 1 尊大釜和 1 尊小釜。相当于变成：

"1 尊大釜 + 1 尊小釜 + 4 尊大釜 = 3 斛 ·········· ①

"1 尊大釜 + 1 尊小釜 + 4 尊小釜 = 2 斛 ·········· ②

"很明显可以看出，4 尊大釜比 4 尊小釜的容量多出 1 斛，继续推出：

"1 尊大釜比 1 尊小釜的容量多出 $\frac{1}{4}$ 斛。

"那么②式就可以变成：

"（1 尊小釜 + $\frac{1}{4}$ 斛）+ 1 尊小釜 + 4 尊小釜 = 2 斛；

"解得：1 尊小釜 = $\frac{7}{24}$（斛）；

"1 尊大釜自然是 $\frac{7}{24} + \frac{1}{4} = \frac{13}{24}$（斛）。"

曹丕听到曹植不但做对了，还用了两种方法，只得免其死罪，贬曹植为安乡侯。

自测题

厨房里有大、小两种米缸。小缸 2 口，大缸 3 口，合起来能装 36 升米；大缸 1 口，小缸 6 口，合起来能装 28 升米。大缸、小缸各能容纳多少升米？

数学小知识

斛和釜

"斛"与"胡"音相同，是我国古时的一种容量单位，它与另一种旧制容量单位"斗"的进率换算公式为 1 斛 = 10 斗。

釜是古代炊器，也是古代的一种量器。

比如在《左传·昭公三年》篇中写道："齐旧四量：豆、区、釜、钟。四升为豆，各自其四，以登于釜，釜十则钟。"

翻译成白话文就是：齐国原来有豆、区、釜、钟四种量器。四升为一豆，各自以四进位，一直升到釜，十釜就是一钟。

根据题意可以写成下面的两个等式：

3 口大缸 + 2 口小缸 = 36 升…………①

1 口大缸 + 6 口小缸 = 28 升…………②

如果用①式乘以 3 的得数，减去②式，那么，小缸就可以消去了。

①×3 得：9 口大缸 + 6 口小缸 = 108 升；

再减②式，

得：8 口大缸 = 80 升；

1 口大缸 = 10 升；

所以，大缸的容量就是 10 升；

再把 1 口大缸 = 10 升代入①式，

解得：1 口小缸 = （36 − 30）÷ 2 = 3（升）；

所以，大缸、小缸各能容纳 10 升米和 3 升米。

另外一种方法，可以用推理的思路去考虑：

小缸 2 口，大缸 3 口，合起来能装 36 升米；大缸 1 口，小缸 6 口，合起来能装 28 升米。

两种情况的共同点是都有 1 口大缸和 2 口小缸。相当于变成：

1 口大缸 + 2 口小缸 + 2 口大缸 = 36 升…………①

1 口大缸 + 2 口小缸 + 4 口小缸 = 28 升…………②

很明显可以看出，2口大缸比4口小缸的容量多出8升，继续推出：

1口大缸比2口小缸的容量多出4升。

那么②式就可以变成：

2口小缸＋2口小缸＋4口小缸＋4升＝28升；

解得：8口小缸＝24升；

1口小缸＝3升；

则1口大缸＝2×3＋4＝10升；

所以，大缸、小缸各能容纳10升米和3升米。

火烧连营和兵丁数目

话说刘备见曹丕废汉称帝，听从诸葛亮和群臣劝说，即位称帝，为了关羽、张飞报仇雪恨，集结七十多万人马，声势浩大，一路兵至猇（xiāo）亭。江南之人，尽皆胆寒。此时的吴王孙权也害怕了，于是把刺杀张飞的叛将范强、张达二人，连同张飞首级遣使送回，上表求和。

刘备杀了范强、张达来祭奠张飞，怎奈人死不能复生，因此仍把孙权视为切齿仇人，早把诸葛亮"联吴抗曹"的忠告抛在脑后。

孙权慨叹吕蒙死后无人替他分忧，也是犯了心病，整天卧床不起。幸好此时阚泽力荐陆逊为大都督，统管六郡八十一州兼荆楚诸路军马。

陆逊拜印接剑后便率众兵水陆并进，气势汹汹地开赴猇亭。吴将韩当、周泰视陆逊为黄口小儿，颇有不服。

陆逊为了收服人心，就把韩当、周泰两位老将请到帐下，共同商议抗敌之策。谈到两位老将各统辖多少士卒时，韩当故意说："我和周将军原本总共有9600名兵丁，可惜在跟蜀军战斗中各自损失了四成的兵力，现在如果从我的兵营中分出120人给周将军，这时我们两人的兵丁数目刚好相等。你不是大都督吗？自己算吧，我们俩原来各有多少兵丁？"

别看陆逊年轻，但文韬武略俱在心中，这小小的算术题自然难不倒他，当即说道："两位老将的士兵各自损失四成（即40%）后，士兵总数也损失了40%，变成：$9600 \times (1 - 40\%) = 5760$（人）；当从韩当将军的兵营中分出120人给周泰将军的兵营后，两个兵营人数一致，即都为5760人的一半，所以这时，韩当将军有：$5760 \div 2 + 120 = 3000$（人）。韩当将军原来有：$3000 \div (1 - 40\%) = 5000$（人）；周泰将军原来有：$9600 - 5000 = 4600$（人）。"

陆逊说出了准确的数目，让两位老将打消了小觑他的念头。

刘备也觉得陆逊年少，听说东吴拜他为大都督，当即将大军扎下连营七百里，以壮声势。

陆逊见刘备人多，索性坚守不出，静观其变，与蜀军对峙于彝陵。蜀军自春至夏，屯扎在平原上，赤日如火，取水艰难，苦不堪言。刘备看士兵们一个个热得脱盔卸甲，光着膀子，担心士兵们中暑，于是传谕各营，将营地移至山林茂密之处，以躲避暑热，待夏过秋到，再并力进兵。

马良看出移营后的地点存在很多隐患，便劝阻刘备，并亲笔画了移营图本，想要拿去询问诸葛丞相的意见。诸葛亮还在蜀中坐镇，离得太远，马良只得昼夜不

停快马加鞭地赶去。

陆逊这边听闻刘备移营之事，大喜，说三天后就能退兵。这三天里，蜀军天天到吴营前面骂阵，骂得要多难听有多难听，众吴将气恼异常，纷纷请求出战，但都被陆逊劝了下来。

与此同时，诸葛亮终于见到了马良所呈的移营图本，叫苦不迭，哀叹道："汉气数休矣！"命马良速返，并嘱咐道：如有失，当投白帝城暂避。

三日后，陆逊升帐，调兵遣将，准备火烧蜀军连营。当冲天大火升腾之时，刘备方才醒悟，但为时已晚，七百里连营、七十多万将士转眼间被置于一片火海之中。

自测题

陶瓷厂有两个仓库，共 1000 件陶瓷工艺品，可惜在一次地震中各损失了 30% 的货品，现在如果从甲仓库中分出 70 件货品给乙仓库，这时两个仓库的货品数目刚好相等。你们知道原先两个仓库各有多少货品吗？

两仓库各自损失 30% 的货品后，货品总数变成：

1000 × （1 − 30%）= 700（件）；

当从甲仓库中分出 70 件货品给乙仓库，两个仓库的货品数目刚好相等，即都为 700 件的一半，

所以这时，甲仓库有 700÷2 + 70 = 420（件）；

甲仓库原来有 420÷（1 − 30%）= 600（件）；

乙仓库原来有 1000 − 600 = 400（件）。

七擒孟获和鸡兔同笼

话说陆逊火烧连营，大破蜀军。刘备败走白帝城，托孤诸葛亮后驾崩，后主刘禅继位。魏主曹丕用司马懿之计，分五路进兵攻蜀，却被诸葛亮安居平五路，转危为安。之后蜀国建宁太守雍闿（kǎi）勾结蛮王孟获，起兵十万反叛。牂牁（zāng kē）、越巂（xī）两郡太守投降，永昌郡被围，其势甚急。消息很快就传到坐镇成都的丞相诸葛亮那里，诸葛亮十分重视此事，知道后院起火，放置不管必成大患，便决定亲自率军南征，平息叛乱。

诸葛亮辞了后主，令蒋琬为参军，费祎为长史，董厥、樊建二人为掾（yuàn）史，赵云、魏延为大将，王平、张翼为副将，并川将数十员，共起川兵五十万，途中又遇到关索，就令关索为前部先锋，一同征南。

蜀军到达益州后，诸葛亮先用反间计除掉叛军首领雍闿、朱褒，收降了高定，命高定为益州太守，总摄三郡，再率军进入永昌城，永昌太守王伉手下吕凯守城有功，又献出《平蛮指掌图》，诸葛亮便封吕凯为行军教授，兼向导官。

这时，马谡奉后主之命来犒赏三军。诸葛亮知道马谡是马良的弟弟，颇有高见，便求问征南之方。马谡道："此次南征，以'攻心为上，攻城为下'，重在收服人心，才能确保蜀国南方长治久安。"此话正好说出了诸葛亮的心声，遂令马谡为参军，即统大兵前进。

再说孟获这边派出三洞元帅金环三结、董荼那、阿会喃各引五万蛮兵，兵分三路而进，并激励道："只要得胜便为洞主！"

诸葛亮故意在赵云、魏延面前说他们不识地理，不敢用他们，二将气不过，便生擒了几名蛮兵，问明三洞元帅大寨方位，点精兵五千夜袭三寨，杀了金环三结。诸葛亮也派出奇兵，由张嶷（yí）、张翼擒得董荼那、阿会喃。诸葛亮又以礼待之，将他二人放回，然后设下埋伏，命王平诈败，诱孟获追赶，赵云、魏延抄其后路，就这样，孟获在山谷中被魏延生擒。孟获以山僻路狭为由表示不服，诸葛亮便命军士赐酒赠马，放他回去。

孟获会集各洞酋长，召聚蛮兵十余万，重整旗鼓。孟获已经领教了诸葛亮计策的厉害，决定凭借泸水天险，固守南岸，将所有船只拘留于南岸，在沿河一带筑起土城敌楼，与蜀军相持。

诸葛亮派哨马查探，得知泸水甚急，水流速度是每炷香时间2里地，难以强渡。假若一艘船以同样的速度往返于泸水两岸之间，它顺流需要6炷香时间，逆流需要8炷香时间。

诸葛亮根据调查到的信息，心算道：

根据公式静水船速＝（顺流船速＋逆流船速）÷2，

泸水水速为 $\left(\dfrac{1}{6}-\dfrac{1}{8}\right)÷2=\dfrac{1}{48}$；

两岸间的距离即 $2÷\dfrac{1}{48}=96$（里）。

掌握了翔实的地理情况后，诸葛亮便命吕凯在离泸水百里处拣阴凉之地，建四个寨子，由王平、张嶷、张翼、关索各守一寨，内外皆搭草棚，遮盖马匹，将士乘凉，以避暑气。

这时马岱把解暑药和粮米送到营寨，诸葛亮便派马岱领三千军士前往离此 150 里的泸水下游沙口偷渡，断孟获的粮草。那里的水浅且慢，却不料泸水升腾起的瘴气有毒，很多军士因此丧生。

诸葛亮向当地人询问，当地人解释道："泸水内有瘴气，太阳一照，毒气蒸发，此时人若涉水，必中毒身亡。若要渡河，须等夜静水冷，毒气不起，人饱食而渡，则平安无事。"

诸葛亮便令当地人引路，又选五六百精壮军，跟随马岱扎起木筏，半夜渡水，果然无事。

马岱再带领两千壮军占了夹山峪，将孟获的粮道切断。

孟获瞧不起马岱，遣副将忙牙长引三千兵来战，只一回合，就被马岱斩于马下。孟获只得再派董荼那引三千兵来战。董荼那被马岱大骂无义背恩，羞惭不已，不战而退，回洞被孟获打了一百大棍，气不过，便手执钢刀，引百余人闯进孟获大寨，趁孟获大醉，绑缚了交与诸葛亮。

孟获认为此次被擒是因为手下自相残害所致，还是不服，诸葛亮便亲自送他上船归寨。

孟获这次回去后，也决定用计，便让其弟孟优引百余蛮兵带了象牙、犀角去蜀营献礼。诸葛亮佯装大喜，设宴款待，却在酒中下药迷倒了孟优，又暗设伏兵，等孟获来劫寨时，遭致大败。孟获逃走后被马岱诱擒，孟获借口弟弟好酒贪杯才导致诈降失败，依旧不服，诸葛亮第三次将其放回。

孟获回到银坑洞，携带珠宝向各个部落求援，借来数十万刀牌军，要和蜀军决战。

再说诸葛亮这边自驾小车，引数百骑往前探路，发现西洱河水势虽慢，但舟筏入水皆沉。吕凯出了个主意："河上游的山上多竹，可伐竹搭桥过河。"诸葛亮便调三万人入山，伐竹数十万根，搭起十余丈宽的竹桥。

大军便于河北岸下寨，以浮桥为门，垒土为城，在南岸也扎下三个大营，以待蛮兵。

孟获引前部一万刀牌军，到前寨挑战，众将急于应战，诸葛亮却命蜀军退回营寨，坚守数日。数日后，诸葛亮撤退到北岸，南岸只留三个空寨，内有粮草车仗数百余辆。孟获以为是蜀军国中有事，驱兵追击，被阻在西洱河边，而赵云、魏延军马已经通过下游浮桥渡河，直杀孟获身后。蛮兵自相冲突，孟获大惊，急引宗族洞丁左冲右突，最后连人带马掉进陷坑被擒。孟获推说误中诡计，死不瞑目，诸葛亮下令推出斩首，孟获叫嚷着："若敢再放我回去，必然报四番被擒之恨！"

诸葛亮大笑，令左右为孟获松绑，赐酒压惊后放回。

孟获与孟优相会，兄弟二人抱头痛哭，商议后便往西南方秃龙洞投奔朵思大王。朵思大王用木石垒断东北这条平坦大路，只留一条西北小路给蜀军。这条小路十分险恶，多藏蛇蝎，黄昏时分，烟瘴大起，只有未、申、酉三时可以安全通行，另外沿路还有四口毒泉，如饮泉水，不死即伤。

再说诸葛亮连日不见孟获出兵，便令大军往南进发。蜀军顶着烈日行进，探路的王平和士兵们果然耐不住暑热，误饮毒泉水，喉头肿起，一个个变成了哑巴。诸葛亮亲自走访，终于从一老叟口中问明正西数里草庵后有安乐泉可解毒，且未、申、酉三时可以安全通过小路。

诸葛亮又问明那小路的距离长短，不禁沉吟道："用兵最讲兵贵神速，从我军扎营之处到小路前的距离是 120 里，我军在此地最快的行军速度是每时辰 30 里，这样一鼓作气抵达小路前需要 $120 \div 30 = 4$ 个时辰，因此我军卯时出发，到达小路前正好是卯时 + 4 = 未时，因为小路狭窄，这样我军的队伍长度会增加至 70 里，而小路长 20 里，这样（70 + 20）$\div 30 = 3$ 个时辰，刚刚好可以在戌时前全军通过崎岖小路，连队伍中最后一名士卒也不会受瘴气之毒。"

老叟笑道："丞相不必那么麻烦，而且万一路上有个耽搁闪失就不好了。那草庵前还生长着一种神奇药

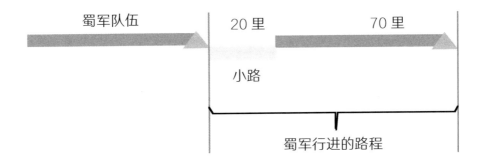

草——薤叶芸香，只要含上一叶，就可不染瘴气。这样任意时段都可通过小路了。"诸葛亮急忙拜谢，依言而行，总算让蜀军度过绝地，来到秃龙洞前下寨。

朵思大王和孟获正要与蜀兵决一死战，银冶洞洞主杨锋与其五子引三万兵来助战，孟获设宴款待杨锋父子。酒至半酣，杨锋父子却将孟获、孟优、朵思大王等一起擒了押至诸葛亮面前。原来杨锋感丞相恩德，故擒孟获。孟获因为是自己人背叛，仍然不服，诸葛亮依旧放他回去。

孟获等人连夜奔回银坑洞，那洞外有泸水、甘南水、西城水，三路水汇合之处便是三江城。洞北有三百里平地，多产万物；洞西二百里有盐井；洞西南二百里，直抵泸、甘；洞正南三百里是梁都洞。而银坑洞所在山上因出银矿，故名银坑山。

孟获在银坑洞中，聚集宗党千余人，想要报仇雪恨，问大家有何高见。

孟获妻弟带来洞主举荐道："西南方八纳洞洞主木鹿大王，十分了得，出门骑大象，手下除了三万神兵，还有虎豹豺狼、毒蛇恶蝎跟随。大王请他出兵相助，何惧蜀兵！"

孟获便派妻弟去求助，又令朵思大王把守三江城。

再说诸葛亮领兵来到三江城外，遥见此城三面傍江，一面通旱，便命魏延、赵云同领一军，于旱路攻城。怎奈蛮兵多习弓弩，一弩齐发十矢，箭头还有毒，蜀军败退。

诸葛亮探明虚实后有了主意，五天后，便让每名士卒用衣襟包土一包，于夜晚到三江城下积土，为攻城坡道。每包土按一斤算，十余万蜀兵就是十余万斤土方，瞬间积土成山，接连城上，一声暗号，蜀兵皆上城。

蜀军攻下三江城，杀死朵思大王，直逼银坑山。孟获之妻祝融夫人见情况危急，亲自率领猛将数百员、生力洞兵五万，与蜀军交锋。祝融夫人果然是女中豪杰，她背插五口飞刀，手挺丈八长标，坐下卷毛赤兔马，一出手便擒了张嶷和马忠两员蜀将。诸葛亮又派赵云、魏延出战，三番两次诈败，终于让祝融夫人中了马岱设下的绊马索，用她换回张、马二将。

次日，孟获请到的八纳洞主木鹿大王出战，放出驯养的虎豹豺狼等猛兽，赵云、魏延坐下的战马受惊，只得撤兵。赵云、魏延向诸葛亮请罪，诸葛亮露出神秘微笑："不怪你们，我在隆中之时，就知南兵有驱兽之法，此次南征已备下破此阵之物，明日待我亲去迎战。"

魏延不解，非要看看破阵之物是什么。诸葛亮知道魏延天生反骨，不依着他的性子，他一定不服，只好带魏延来到被油布蒙着的兽笼前，说道："这里面的怪兽可了不得，有 36 个脑袋，100 只脚。"魏延探头，依稀能看到上面露出长长的耳朵，红红的肉冠，偶尔还能听到"喔喔喔喔"的叫声，心下犯疑，却猜不透这怪物是什么。

诸葛亮知道魏延生性多疑，为消除他的疑忌，便坦言相告："笼中有 36 个脑袋，100 只脚，其实里面装的不是怪兽，而是两只脚的公鸡和四只脚的兔子，因此才有长长的耳朵和肉冠，并发出'喔喔喔喔'的叫声。那么魏将军可能猜出有多少只公鸡，多少只兔子吗？"

魏延心气很高，非要自己算个清清楚楚，想了半天，却怎么算都不对，只好再请诸葛亮告知答案。

诸葛亮笑道："这是算经中常见的鸡兔同笼问题，根据解这类问题的公式：（总脚数－每只鸡的脚数 × 总头数）÷（每只兔的脚数－每只鸡的脚数）＝兔数，总头数－兔数＝鸡数。兔子数目：$(100 - 2 \times 36) \div (4 - 2) = 14$（只），公鸡数目：$36 - 14 = 22$（只）。验算一下：$14 + 22 = 36$，$14 \times 4 + 22 \times 2 = 56 + 44 = 100$，符合笼中有 36 个脑袋、100 只脚的条件。所以兽笼中有 22 只公鸡，14 只兔子。魏将军今后除了读兵书还要多读算经啊。"

魏延不屑地哼了一声，心里还是服气的。

第二天，诸葛亮乘车督战，待南兵驱赶野兽扑来，一挥羽扇，掌车军士打开红油柜车，露出十个木制假兽的外壳，并发出"喔喔喔喔"的叫声。军士用火将假兽腹下火线点燃，假兽口吐火焰，鼻冒黑烟，直向南兵冲去。那些猛兽吓得不敢再前进，惊而转向南兵阵中冲去。南兵大乱，木鹿大王死于乱军之中，蜀军乘胜夺占了银坑洞。

孟获无奈，令妻弟带来洞主押着自己去诸葛亮处诈降，又被诸葛亮识破，早安排下张嶷、马忠引两千精壮兵埋伏在两廊下，等他们人一到，全部被擒。孟获推说这次是自投罗网，还是不服，诸葛亮笑道："巢穴已破，

吾何虑哉！"再次放他回去。

孟获这次败得十分狼狈，连洞府都被占了，不知投奔何方。带来洞主出了个主意："此去东南七百里，有乌戈国，国主兀突骨，身长丈二，不食五谷。手下军士，俱穿藤甲，此藤甲可是非同寻常的铠甲，有三绝：渡江不沉、经水不湿、刀箭不入。"

孟获依言请来乌戈国主兀突骨，率三万藤甲军在桃花渡口下寨，以待蜀军。

诸葛亮见藤甲军厉害，仔细思量后决定用火攻，他派赵云去盘蛇谷准备柴草、地雷，令魏延在半个月内连输十五阵、弃七个营寨，以此诱敌深入，火烧藤甲军。孟获单骑突围，但还是被马岱赶上生擒。

孟获以为此次被擒必死无疑，不料诸葛亮又令马谡前来放他们回去，并备好美酒 20 坛送行。

马谡还说："我家丞相非常慷慨，待美酒喝完，孟大人派人把这些装美酒的坛子拿来，两个空坛子还可以再换回一坛美酒。"

孟获拍着脑门问："你们北人就有这许多花花肠子，你直接告诉我吧，我们总共可以喝到多少坛美酒呢？"

马谡道："我还是给孟大人仔细说明一下吧：你可以按以下步骤来思考喝酒、换酒的过程：第一步，你的人喝光了我们赠送的 20 坛美酒；第二步，20 个空坛子可以换 10 坛美酒；第三步，喝完后，这 10 个空坛子又可以换 5 坛美酒；第四步，喝完后，这 5 个空坛子又可以换 2 坛美酒（并剩余 1 个空坛子）；第五步，喝完后，这 2 个空坛子又可以换 1 坛美酒（别忘记那剩余的 1 个空坛子还在）；第六步，这 1 坛美酒喝完，得到 1 个空坛子，跟之前剩余的 1 个空坛子，凑成 2 个空坛子，再换 1 坛美酒；第七步，这坛美酒喝完，变成 1 个空坛子，然而并未结束……第八步，跟我们再借 1 个空坛子，这样 2 个空坛子又换回 1 坛美酒，喝完之后把空坛子还了，两不相欠。至此，换酒的过程终结，我给你数数总共喝的酒：20 + 10 + 5 + 2 + 1 + 1 + 1 = 40（坛）。所以孟大人，你们可以喝到 40 坛美酒。从最初的 20 坛，变成 40 坛，翻了一倍，是不是有点没想到？丞相如此慷慨大方，你还有什么话说？"

七擒七纵自古未闻，孟获深感羞愧，自己伤了蜀军那么多人，诸葛亮不但不杀自己，还有美酒相赠，再不投降怎么好意思？！至此才心服口服。孟获率众人向诸葛亮请罪道："丞相天威，南人永不复反矣！"

1. 两岸间水流速度是每小时 2 千米，两岸间的距离是 48 千米，假若一艘船从北岸到南岸是顺流，顺流速度为 16 千米 / 小时，那么此船从南岸回到北岸，即逆流时需要多少小时？

2. 兽笼中有 48 个脑袋、120 只脚，你们能算出有多少只公鸡、多少只兔子吗？

3. 如果诸葛亮把 30 坛美酒送给孟获，并答应 2 个空坛子可以再换回 1 坛美酒，那么孟获总共可以喝到多少坛美酒呢？

4. 一列火车全长 150 米，以 10 米 / 秒的速度通过一条隧道，用时 100 秒，你们知道该隧道长多少米吗？

1. 静水船速＝顺流船速－水流速度＝16－2＝14（千米/小时）；

逆流船速＝静水船速－水流速度＝14－2＝12（千米/小时）；

时间＝距离÷速度＝48÷12＝4（小时）；

所以此船逆流需要4小时。

2. (总脚数－每只鸡的脚数×总头数)÷(每只兔的脚数－每只鸡的脚数)＝兔数；

总头数－兔数＝鸡数。

兔子数目：(120－2×48)÷(4－2)＝12（只）；

公鸡数目：48－12＝36（只）。

验算一下：

12＋36＝48；

12×4＋36×2＝48＋72＝120；

符合题意。

所以兽笼中有36只公鸡，12只兔子。

3. 可以按以下步骤来思考：

第一步，喝完第一次赠送的30坛美酒；

第二步，30 个空坛子可以换 15 坛美酒；

第三步，喝完后，这 15 个空坛子又可以换 7 坛美酒（并剩余 1 个空坛子）；

第四步，喝完后，这 7 个空坛子加上之前剩余的 1 个空坛子，又可以换 4 坛美酒；

第五步，喝完后，这 4 个空坛子又可以换 2 坛美酒；

第六步，喝完后，这 2 个空坛子又可以换 1 坛美酒；

第七步，这坛美酒喝完，变成 1 个空坛子；

第八步，跟蜀军借 1 个空坛子，这样 2 个空坛子又换回 1 坛美酒，喝完之后把空坛子还了，两不相欠。

至此，换酒的过程终结，我们再来数数总共喝的酒：

$30 + 15 + 7 + 4 + 2 + 1 + 1 = 60$（坛）；

所以孟获总共可以喝到 60 坛美酒。

4. 火车通过隧道的路程：$10 \times 100 = 1000$（米）；

因为火车全长 150 米，

所以隧道长：$1000 - 150 = 850$（米）。

木牛流马的运粮路线

话说诸葛亮平定蜀国南方后，便上奏《出师表》，请愿出兵北伐曹魏。诸葛亮一出祁山，收良将姜维，却误用马谡，失守街亭；二出祁山，计斩魏将王双，粮尽退兵；三出祁山，奇袭陈仓，却因生病，悄然退兵；四出祁山，气死曹真，却因刘禅听信谗言，半途而废；五出祁山，屡战屡胜，又因李严没准备好军粮，谎报军情，不得已退兵。到了六出祁山时，诸葛亮便格外注重粮草储备。一天，长史杨仪来找诸葛亮问道："咱们的粮草都在剑阁，人夫牛马，搬运不便，不知丞相是否有什么高招？"

诸葛亮笑道："我早已运谋多时了。并西川时已经收买下许多大木头，让工匠们制造出木牛流马，搬运粮草，甚是便利。因为这些'牛马'可以不吃不喝，不分昼夜连轴转也不怕。"

众将听了惊道："不知丞相有何妙法，造此奇物呢？"

诸葛亮说道："我已令人依法制造，尚未完备。你们既然有心求教，我就先将造木牛流马之法，尺寸方圆写成详细的说明书，你们看了就懂了。"

诸葛亮当即把木牛流马的造法、尺寸写得明明白白，众将围过来观看，都拜伏称颂道："丞相真乃神人也！"

过了数日，木牛流马都制造完毕，宛如活物一般，上山下岭，行走如常。众军见之，无不欣喜。诸葛亮令右将军高翔，引一千兵驾驶着木牛流马，自剑阁直抵祁山大寨，往来搬运粮草，供给蜀兵之用。

木牛流马虽好，毕竟不是真正的牛马，还是有缺陷的，就是拐起弯来特别吃力，所以在规划运粮路径时，要尽量减少拐弯的次数。现在有九座营寨，呈九宫格的位置安扎（如右图所示），右将军高翔要驾着木牛流马，最少拐三次弯才能把九座营寨的粮草都送到。

原来，只要按照下图中的路线行进，拐三次弯就能把九座营寨的粮食都送到。

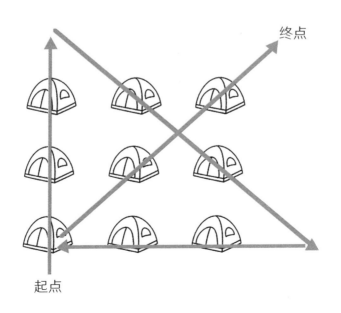

之后，诸葛亮便以木牛流马为诱饵，于上方谷火烧司马懿，只可惜"谋事在人，成事在天"，天空突降大雨，司马懿得以死里逃生，坚守不出。可叹壮志未酬身先死，诸葛亮最终因操劳过度在五丈原病逝。后主刘禅又以姜维挂帅，九伐中原，但都无功而返，反被魏将钟会、邓艾攻蜀，刘禅出降。司马昭之子司马炎逼魏主曹奂禅位，改国号为晋，进而伐吴，吴主孙皓降，自此三国归晋，天下一统。

数学小知识

田忌赛马

出自《史记·孙子吴起列传》，讲的是齐国的大将田忌常同齐威王赛马，但田忌的三等马匹与齐威王的三等马匹相比都各差那么一点儿。孙膑给田忌出了个主意：先用下等马对阵齐威王的上等马，输掉了第一局。第二局，用上等马对阵齐威王的中等马，赢了第二局。第三局，用中等马对阵齐威王的下等马，又赢了第三局。三局两胜，田忌便战胜了齐威王。

所以要善用自己的长处去对付对手的短处，从而在竞技中获胜。

数学桌面小游戏

找你的小伙伴一起来做这个游戏吧!

游戏准备:

一个六面骰子、纸、笔。

游戏人数:

两人。

游戏规则:

初始兵力每人 3000。每人还可以摇一次骰子,摇到的点数乘以 100,作为额外兵力,例如甲摇了 6 点,那么他的总兵力就是 3000 + 600 = 3600(人)。

分 5 轮派兵交战,各轮次派出的兵力之和要等于总兵力。每轮谁派出的兵力多谁赢得该轮次,只要胜 3 轮就算赢。

注意:每轮派出的兵力在该轮次开始时先写在纸上,但不要让对方看到,两人都写完后同时展示该轮次的出兵人数。总兵力少的一方也不必过分担心,可以运用田忌赛马的策略。